U0185575

水利工程关键问题有限元解决方案
（上册）

王立成　李永胜　刘伟丽　唐志坚　冯晏辉　薛玮翔　著

黄河水利出版社

·郑 州·

内 容 提 要

MIDAS/GTS 系统软件是由全球著名的韩国岩土软件开发商 MIDAS 公司在 20 世纪 90 年代开发的仿真岩土分析软件。该软件面向岩土、采矿、交通、水利、地质、环境工程等领域,是全球最知名的岩土分析软件之一,其涵盖内容广泛。GTS 不仅是通用的分析软件,而且还是包含岩土与隧道工程领域最新发展技术的专业程序,其功能包括应力分析、施工阶段分析、渗流分析以及其他多种功能。作为优秀的岩土工程设计分析软件,MIDAS/GTS 目前已经为上百万科学研究人员、工程技术人员、教育工作者以及学生提供了无与伦比的帮助,也因其具有功能强大、简单易用、工程应用性强的特点,已逐渐在工程界得到越来越广泛的应用。为了更好地利用此软件解决水利工程问题,我们编写了此书。

本书可以作为从事水利工程勘测、设计、施工、运行人员的工具书,也可供科研、教学等方面的科技人员及大专院校相关专业师生参考使用。

图书在版编目(CIP)数据

水利工程关键问题有限元解决方案:上、下册/王立成等著. —郑州:黄河水利出版社,2021.12
ISBN 978-7-5509-3188-6

Ⅰ.①水… Ⅱ.①王… Ⅲ.①水利工程-有限元分析
Ⅳ.①TU-39

中国版本图书馆 CIP 数据核字(2021)第266372号

出 版 社:黄河水利出版社	网址:www.yrcp.com
地址:河南省郑州市顺河路黄委会综合楼14层	邮政编码:450003

发行单位:黄河水利出版社
　　发行部电话:0371-66026940、66020550、66028024、66022620(传真)
　　E-mail:hhslcbs@126.com
承印单位:广东虎彩云印刷有限公司
开本:787 mm×1 092 mm 1/16
印张:30
字数:750 千字

版次:2021 年 12 月第 1 版	印次:2021 年 12 月第 1 次印刷

定价:98.00 元

前　　言

　　随着计算机的飞速发展和广泛应用以及有限元理论的日益完善,各种大型通用及专用有限元计算软件也得到长足的发展,在各个领域得到了广泛的应用。其中较为著名的通用大型有限元软件有 ANSYS、ALGOR、ABAQUS、MSC.MARC 和 MSC.MIDAS 等。

　　MIDAS/GTS 系统软件是由全球著名的韩国岩土软件开发商 MIDAS 公司在 20 世纪 90 年代开发的仿真岩土分析软件。该软件面向岩土、采矿、交通、水利、地质、环境工程等领域,是全球最知名的岩土分析软件之一,其涵盖内容广泛。GTS 不仅是通用的分析软件,而且还是包含岩土与隧道工程领域最新发展技术的专业程序,其功能包括应力分析、施工阶段分析、渗流分析以及其他多种功能。作为优秀的岩土工程设计分析软件,MIDAS/GTS 目前已经为上百万科学研究人员、工程技术人员、教育工作者以及学生提供了无与伦比的帮助。MIDAS 开发于世界最大的钢铁公司——POSCO MIDAS(韩国电算结构协会认证, MIDAS—ISO 9001 认证),通过中国原建设部评估鉴定,成功应用于 8 个韩日世界杯体育场及 4 500 多个大中型工程项目中。截至 2006 年底,MIDAS 已拥有 600 多家国内用户。

　　其可以进行的静力分析包括:

➤ 线性静力分析及非线性静力分析;施工阶段分析包括施工、稳定渗流、瞬态渗流及固结分析;边坡稳定分析;动力分析包括特征值分析、时程分析及反应谱分析。

➤ 复杂的地层和地形;地下结构开挖和临时结构的架设与拆除;基坑的开挖、支护;地表、洞室内的位移;喷混、锚杆的内力、应力、位移。

➤ 隧道、大坝、边坡的稳态/非稳态渗流分析;从饱和区域到非饱和区域使用 Darcy's 原理;在 Van Genuchten 和 Gardner's 公式中可自定义其非饱和特性函数。

➤ 施工阶段或时程分析中的最终状态;考虑渗流分析中孔隙水压应力耦合的有效应力分析。

➤ 排水(非黏性土)与非排水(黏性土)分析;各阶段的孔隙水压和固结沉

降结果。

➤ 任意形状的二维或三维地表、地层模型；破坏模式是任意的，不局限于单纯的圆形、弧形等；查看安全系数、变形信息和剪切破坏形状等。

➤ 任意荷载、地震、爆破等振动。

动力分析包括：

➤ 各种动力分析（自振周期、反应谱、时程）。

➤ 内含地震波数据库、自动生成地震波与静力分析结果的组合功能。

➤ 荷载-结构模式的二衬的内力、应力、变形计算。

➤ 锚杆单元的内力、应力、变形计算。

1.本书意义

在国内，MIDAS/GTS 软件正逐步成为水利行业 CAE 仿真分析软件的主流，龙首电站大坝、二滩电站和三峡工程等都利用了 MIDAS/GTS 软件进行有限元仿真分析。与此同时，虽然目前市面上各种关于 MIDAS/GTS 分析软件的书籍不胜枚举，但专门供水利专业同行借鉴学习的 MIDAS/GTS 书籍却并不多见。作为水利工程师，作者根据自己多年来使用 MIDAS/GTS 的心得体会，总结并汇总相关分析实例编著了本书，旨在为学习 MIDAS/GTS 的水利同行提供一种思路。

本书所有实例均经过精心设计和筛选，代表性强，并具有实际的工程应用背景，每个例题都通过图形用户界面方式向读者做了详细的介绍。对于希望解决实际工程问题的高级用户而言，也可以通过参考其中类似例题的分析和求解过程圆满完成任务。

2.主要内容

本书以 MIDAS/GTS 为软件平台，共分 12 个章节，具体内容如下：

MIDAS/GTS 基础应用篇。主要介绍 ANSYS 软件的发展过程、技术特点、程序功能、文件系统及 MIDAS/GTS 的结构分析过程。

MIDAS/GTS 具体操作。MIDAS/GTS 工程实例应用，通过简单的工程实例计算，详细地给出工程实例计算的步骤，使得学习者能按照例题操作熟悉模拟过程。

MIDAS/GTS 工程实例。介绍了水利工程设计常见的水工建筑物的 MIDAS/GTS 有限元分析实例，内容包括边坡计算、隧洞施工阶段分析、土石坝渗漏、稳定及应力应变计算等。

3.适用对象

本书可作为理工科院校土木、力学和隧道等专业的本科生、硕士研究生、博士生及教师学习 MIDAS/GTS 软件的学习教材，也可作为从事土木建筑工程、水利工程等专业的科研人员学习使用 MIDAS/GTS 的参考用书。

MIDAS/GTS 功能极为繁杂，我们不可能涉及每一个部分，而且由于编写时间仓促，书中难免存在错误和不足之处，欢迎广大读者和同行批评指正。

4.分工及致谢

全书编写分工如下：全书章节安排及统稿由王立成负责，总计 75 万字，温贵明、李永胜、唐志坚、冯晏辉、方海艳对本书上册进行校核，王保东、王阳、刘伟丽、薛玮翔、刘艳红、杨晨对本书下册进行校核。其中上册由王立成、李永胜、刘伟丽、唐志坚、冯晏辉、薛玮翔编写；下册由温贵明、方海艳、王阳、刘艳红、王保东、杨晨、王海军编写。

在本书编写过程中，张淑鹏、王一帆等参与了排版及章节整理工作，对本书的编写给予了大力的支持与帮助，在此表示感谢！

另外在本书出版过程中，承蒙中水北方勘测设计研究有限责任公司编辑部王晓红、于荣海两位同仁以及黄河水利出版社给予的大力支持，谨致以衷心的感谢。

作　者

2021 年 11 月

目　　录

1　MIDAS 概述

1.1　概　要

MIDAS（MIDAS Family Program）是以将结构设计各项工作的全过程自动化为目的而开发的应用软件包,由韩国迈达斯（MIDAS）公司开发,包含岩土隧道领域、土木领域、土木设计自动化领域、建筑领域,内含 11 款分析软件,其构成见表 1-1。

表 1-1　　　　　　　　　　MIDAS（MIDAS Family Program）软件包构成

应用领域	软件简称	分析应用系统
岩土隧道领域	MIDAS/GTS	岩土隧道结构专用有限元分析
土木领域	MIDAS/Civil	土木结构专用结构分析及优化设计
土木设计自动化领域	MIDAS/FEmodeler	迅速建模以及自动化生成有限元网格
	MIDAS/Abutment	桥台设计(计算书、图纸、数量)自动化系统
	MIDAS/Pier	桥墩设计(计算书、图纸、数量)自动化系统
	MIDAS/Deck	混凝土桥面板(计算书、图纸、数量)自动化系统
	MIDAS/Gen	土木、建筑部门通用结构分析以及优化设计系统
建筑领域	MIDAS/ADS	剪力墙结构住宅楼的分析以及优化设计系统
	MIDAS/SDS	楼板、筏式基础的结构分析以及优化设计系统
	MIDAS/SET	单体结构设计软件
	MIDAS/Building	建筑物专用结构分析以及优化设计系统

本书基于 MIDAS/GTS 分析软件结合水利工程实际情况进行系统介绍。MIDAS/GTS 是一款岩土与隧道有限元分析和设计软件,包含施工阶段的应力分析和渗透分析等岩土与隧道所需的几乎所有分析功能,适用于地下结构、岩土、水工、地质、矿山、隧道(公路、铁路、市政)等领域,是企业分析与设计及高等院校教学与科研必备的工具。自从 1989 年以来,MIDAS 公司致力于有限元分析与仿真方面的研究,而 GTS 就是在其基础上发展而形成的,该分析系统可以对复杂的几何模型进行可视化的直观建模;其独特的 Multi-Frontal 求解器能为我们提供最快的运算速度,这也是其最强大的功能之一;在后处理中,能以表格、图形、图表形式自动输出简洁实用的计算书。MIDAS/GTS 已经通过了 QA/QC 质量管理体系认证,能确保计算结果的精度和质量。MIDAS/GTS 软件界面环境如图 1-1 所示。

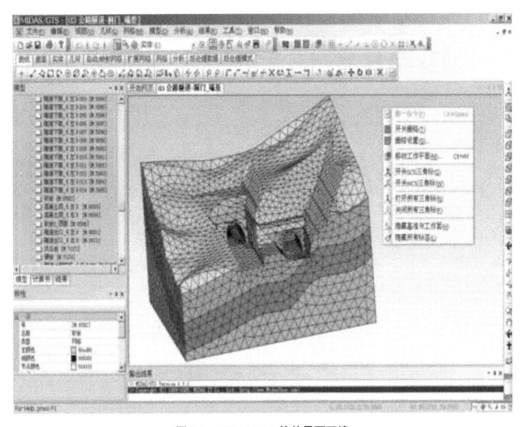

图 1-1　MIDAS/GTS 软件界面环境

1.2　程序安装

1.2.1　系统配置

GTS 可以使用于 IBM 兼容的个人电脑的 Windows 系统。

GTS 所需的系统基本配置如下：

操作系统　　Microsoft Windows 2000/XP/NT

　　　　　　NT 4.0 SP3 +Y2K Patches

　　　　　　(推荐 Microsoft Windows 2000 以上系统)

CPU　　　　Pentium Ⅲ 700 MHz (推荐 Pentium Ⅳ 1GHz 以上)

内存　　　　256 MB(推荐 512 MB 以上)

硬盘　　　　1 GB 以上

显卡内存　　32 MB 以上 推荐 TNT/GeForce 系列

　　　　　　Windows XP/2000 (30.82 版本以上)

显卡　　　　Windows NT(29.42 版本以上)

打印机　　　Windows 兼容打印机或绘图仪

1.2.2　安装顺序

MIDAS/GTS 的安装方法如下:

(1)将安装 CD 放入 CD-ROM 内。

(2)①放入 CD 时如未按住【Shift】键,则会自动运行安装程序。首先会显示选择安装语言的对话框,选择中文后点击"确认",如图 1-2 所示。

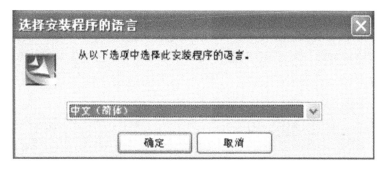

图 1-2　程序语言安装界面

②未能自动运行时,可在 Windows 的"开始"菜单中选择"运行",并指定 CD-ROM 后输入以下路径。

③D:\Install\setup.exe(注:假设 D 盘为 CD-ROM)。

(3)窗口显示 MIDAS/GTS Trial Install Shield Wizard 对话框后,可确认运行 GTS 程序所需的相关程序后,点击 下一步(N) > 开始 GTS 的安装,如图 1-3 所示。

图 1-3　MIDAS/GTS 安装对话框

(4)在"使用许可协议"对话框中,仔细阅读其中的内容,如无异议,选择"同意"后点

击 下一步(N) > 继续安装。

(5)输入用户信息后点击 下一步(N) > 。

(6)选择安装 GTS 的位置。如选择默认位置，可直接点击 下一步(N) > ，如要另行指定，点击 浏览(B)... 选择相应的路径。

(7)在"安装选项"对话框中根据需要进行相应的安装内容选择后点击 下一步(N) > 。

(8)如要对上述设置进行修改可点击 < 上一步(B) ，若要开始安装则点击"安装"。

(9)显示"Install Shield Wizard 完成"，则说明安装已经完成。

(10)安装过程中要求安装驱动程序。驱动程序的选择有 3 个：单机版和网络版（用于单机版和网络版的客户端）、网络版服务器、不安装（用于已经安装有 MIDAS 程序最新驱动程序的计算机），如图 1-4 所示。

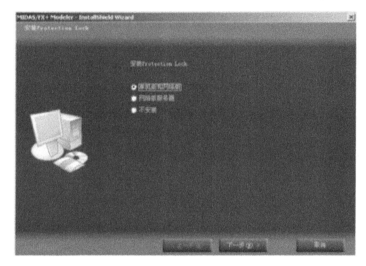

图 1-4　安装驱动程序操作界面

1.2.3　安装驱动程序

为了运行 MIDAS/GTS，需要安装加密锁的驱动程序。驱动程序会在安装 MIDAS/GTS 时自动安装。若要对驱动程序升级或者需要重新安装时，可按以下步骤进行。

1.2.3.1　手动安装驱动程序的步骤

(1)按住左侧的【Shift】键，同时将 MIDAS/GTS CD 放入 CD-ROM。

(2)在 Windows 的"开始"菜单选择"运行"，输入以下路径：

D：\Install\Protection Drivers\SSD5410-32bit.exe（假设 D 盘为 CD-ROM）。

(3)安装驱动程序的方法与安装程序的步骤(10)相同。

1.2.3.2　删除驱动程序的步骤

(1)按住左侧的【Shift】键，同时将 MIDAS/GTS CD 放入 CD-ROM。

(2)在 Windows 的"开始"菜单选择"运行"，输入以下路径：

D：\Install\Protection Drivers\SSD5410-32bit.exe（假设 D 盘为 CD-ROM）。

(3)在 Program Maintenance 对话框中选择"Remove"即可，如图 1-5 所示。

图 1-5　Program Maintenance 对话框

1.2.4　登记密钥

程序安装完之后,需将加密锁插入电脑的并口或者 USB 口,并输入与加密锁相对应的密钥号之后,GTS 才可正常运行,如图 1-6 所示。

(1)将加密锁插入电脑的并口或者 USB 口。

(2)运行 MIDAS/GTS。

(3)选择主菜单"帮助"下的登记注册。

(4)在注册号输入栏输入由北京迈达斯技术有限公司提供的密钥号。

(5)在密钥类型中选择"单机版"。

(6)点击 ☐ OK ☐ 。

图 1-6　密钥登记对话框

2 MIDAS/GTS 有限元分析步骤

GTS 的一般操作流程如下：

(1)建立几何模型(Geometry Modeling)。

(2)划分网格(Mesh Generation)。

(3)设定分析条件(Analysis Condition)。

(4)分析(Analysis)。

(5)查看结果(Post-processing and Result Evaluation)。

2.1 建立几何模型(Geometry Modeling)

GTS 中,一般是先建立几何模型,之后再以此为基础进行网格划分等后续工作。几何模型可以利用 GTS 提供的建模功能,也可将 CAD 等其他专用建模程序的几何数据文件导入。

GTS 提供多种高级的建立几何模型的功能,比起通过节点、单元来手动建模的方式,特别是对于复杂的模型,非常高效、方便。

比如:

(1)利用地层标高数据生成曲面的地层,如图 2-1 所示。

图 2-1

(2)生成整个区域的实体,如图 2-2 所示。

(3)以地层曲面为准将实体切割,如图 2-3 所示。

(4)建立实体内部隧道的曲面,并分割实体,如图 2-4 所示。

(5)生成分割面,用来划分施工阶段,如图 2-5 所示。

(6)利用分割面分割内部隧道的实体,完成几何建模,如图 2-6 所示。

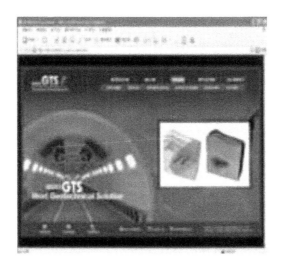

图 2-2

图 2-3

图 2-4

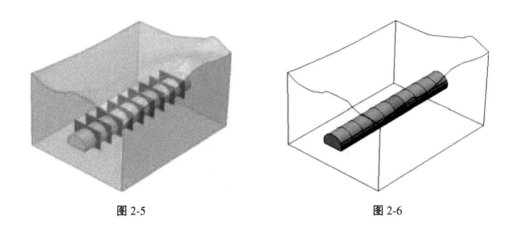

图 2-5   图 2-6

2.2   划分网格(Mesh Generation)

对建立的几何模型划分网格。一般六面体网格的分析结果最为精确,因此最好使用六面体网格。然而对于几何形状比较复杂的模型,也可以使用自动网格的功能,生成四面体网格。GTS 提供多种网格控制的功能以及自动网格、映射网格、扩展网格等功能,因此即使是初学者也可以便利地划分出比较优秀的网格,如图 2-7 所示。

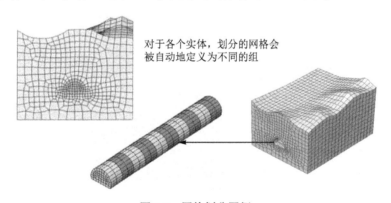

对于各个实体,划分的网格会被自动地定义为不同的组

图 2-7   网格划分图例

2.3   设定分析条件(Analysis Condition)

利用 GTS 的各种设定分析条件的功能定义特性值、边界条件、荷载。在 GTS 中除了节点和单元,对于几何数据也可赋予边界条件和荷载,因此对于复杂的模型非常方便有效。

特别是 GTS 的模拟施工阶段的功能,尽可能地考虑技术人员的习惯,并最大限度地发挥 Windows 程序的优点,用户可以在界面上利用多种仿真功能方便地进行模拟,极大地提高了工作效率,如图 2-8 所示。

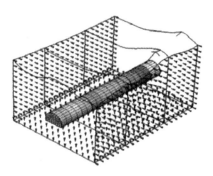

图 2-8　定义施工阶段的边界条件

2.4　分析(Analysis)

根据在设定分析条件中定义的各种边界条件、荷载以及分析控制内容进行分析。在分析过程中,对信息窗口中输出分析的状况和一些错误信息,需留意查看。

GTS 是基于有限元法进行分析求解的。不仅可以考虑填土、开挖及不同的材料特性进行施工阶段分析,而且可以进行稳定流/非稳定流的渗流分析,以及岩土和隧道结构所需的各种静力分析和动力分析。另外 GTS 的有限元分析求解器包含 Multi-frontal Sparse Gaussian Solver,该求解器对于大规模模型的反复迭代计算效率很高,可以大大缩短分析时间。

2.5　查看结果(Post-processing and Result Evaluation)

分析正常结束之后,需查看分析结果,并提取和整理设计所需的各项数据。GTS 的后处理提供等值线、动画等各种直观的图形处理功能以及可与 MS-Excel 完全兼容的结果表格和图表功能。另外,利用 GTS 的分析结果整理(Result Summary)功能,用户可以非常便利地得到含有模型数据以及分析结果等各种信息的文本文件,并以此为基础编写计算书,如图 2-9 所示。

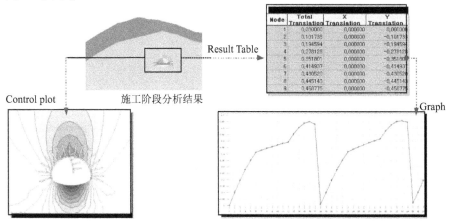

图 2-9　GTS 所提供的各种后处理结果

3 MIDAS 实体建模过程

3.1 GTS 的建模方式

GTS 可以根据模型的几何特点,使用多种方式建模和划分网格。特别是 GTS 可以按几何体来建立模型并提供自动划分网格的功能,因此比起以往的生成节点、单元的建模方式要方便、快捷很多,尤其是对那些复杂的模型更是高效而且准确。

下面对 GTS 的基于几何体的建模方式以及自动划分网格的功能做一些更为详细的介绍。

3.1.1 几何体建模

几何体(Geometry)的类型包括表 3-1 中的个体及它们之间的组合,有关定义如图 3-1 所示。

表 3-1   GTS 几何体构成表

个体			定义
上级个体	群(Compound)		是独立个体(Shape)组成的群组
	形状(Shape)		对独立个体的称呼(不是某个体的子个体)
	实体(Solid)		闭合区域被填充的三维体
			特征值:体积
下级个体	曲面(Surface)	面组(Shell)	边之间的连接为线的面的组
		面(Face)	由 1 个曲面方程定义的面
			例:平面、圆柱面、球面等
			特征值:面积
	曲线(Curve)	线组(Wire)	端部由点连接的线的组
			例:正四边形、多义线等
		线(Edge)	由 1 个曲面方程定义的线
			例:直线、圆、弧、椭圆等
			特征值:长度
	顶点(Vertex)		三维空间上的点
			特征值:坐标

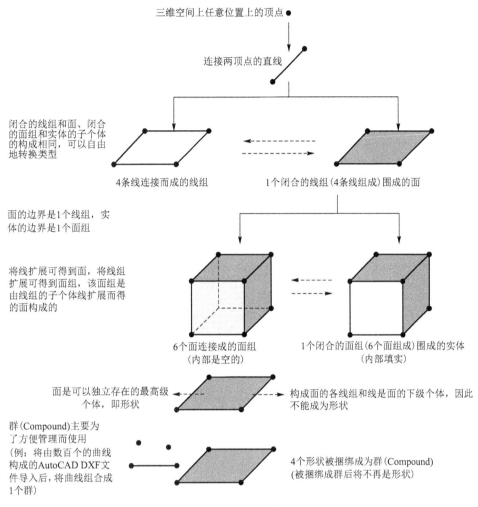

图 3-1   GTS 几何体构成

下面举例说明几何个体的构成和上/下级个体的关系,如图 3-2 所示。

一般来说几何建模方式有从上级个体至下级个体的建模方式和从下级个体至上级个体的建模方式,用户可以根据模型的特点进行选择。

3.1.1.1   从上至下方式

直接建立上级个体,则程序自动生成构成该个体的下级个体。用户可以不必考虑下级个体的细部情况直接生成所需的上级个体,所以比较方便。主要用于模型比较简单或建立基本形状时。

例:使用箱形图元(Primitive Box)建立描述地基的实体(Solid)时,将自动生成构成箱体的下级个体面(Face)、线组(Wire)、线(Edge)等。

3.1.1.2   从下至上方式

首先建立可以反映模型形状的适当的下级个体,以它为基础建立上级个体的方式。形状比较复杂难以直接建立上级个体时主要使用此方式。与从上至下的方式相比,相对来说工作量较大,但是可以建立从上至下方式不能建立的复杂形状。实际工程中大部分使用该方式。

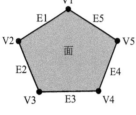

形状（顶级个体）		1个，面
下级个体	线组	1个（面的外轮廓） ➤ E1~E5的集合
	线	5个（E1~E5）
	顶点	5个（V1~V5）

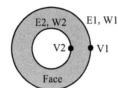

形状（顶级个体）		1个，面
下级个体	线组	2个（面的内/外轮廓） ➤ E1, E2
	线	2个（E1, E2）
	顶点	2个（V1, V2） ➤ 线（圆）的起/始点

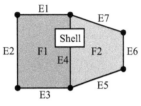

形状（顶级个体）		1个，面组
下级个体	面	2个（F1, F2）
	线组	2个（各面的外轮廓）
	线	7个（E1~E7） ➤ E4由2个面共享
	顶点	6个

面组
（F：2，W：3，E：8）

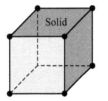

形状（顶级个体）		1个，实体
下级个体	面组	1个（实体的外轮廓）
	面	6个（F1, F2）
	线组	6个（各面的外轮廓）
	线	12个
	顶点	8个

图 3-2　GTS 几何体构成分析

例：建立实际地表面和地层面时，直接建立曲面比较困难，一般来说要先输入能表现曲面形状的顶点（Vertex）、线（Edge），然后将其连接建立曲面，如图 3-3 所示。

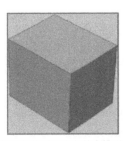

使用箱体图元建立基本模型
（Top-down Modeling: Solid）

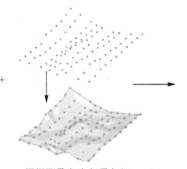

根据测量点建立顶点（Vertex），
通过内插计算生成曲面
（Bottom-up Modeling: Vertex→Face）

使用地层曲面分割地基箱体
（混合使用了两种建模方式）

图 3-3　地基箱体及地层曲面建模图例

从下至上建模方式的实际过程如图 3-4 所示。

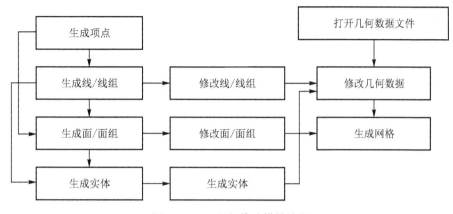

图 3-4　GTS 几何体建模的流程

下面利用以下模型来具体地了解几何体建模的过程,如图 3-5 所示。

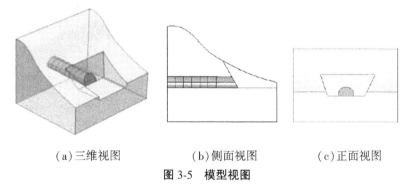

　(a)三维视图　　　　　(b)侧面视图　　　　　(c)正面视图

图 3-5　模型视图

　GTS 提供多种形式的几何体建模功能,用户可以真实、形象地模拟实际施工状况。比如,用户可以先建立初始模型,然后根据施工状况,删除不需要的部分,再以各个体为单位分割模型。

　下面例子以地层为准建立初始模型。

　(1)首先建立地层的断面。利用地表的测量数据生成 B–样条曲线(Edge),再利用直线(Edge)建立剩余部分的边界线,如图 3-6 所示。

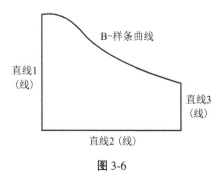

图 3-6

（2）为了可以将断面伸展成实体,需将各线定义为一个闭合的线组。闭合的线组与面拥有相同的下级个体,可以生成面组或扩展成实体,如图 3-7 所示。

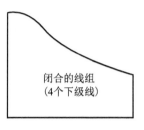

闭合的线组
（4个下级线）

图 3-7

（3）将闭合的线组进行扩展,生成顶级个体–实体（A）,以此模拟地层,如图 3-8 所示。

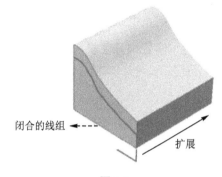

闭合的线组 ←---

扩展

图 3-8

（4）通过（1）~（3）相同的方法建立出入口处断面的曲线（线、线组）,并将其扩展建立出入口处要删除的实体（B）,如图 3-9 所示。

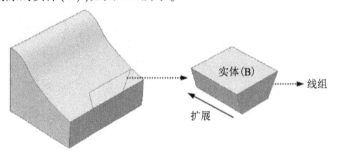

实体（B）

线组

扩展

图 3-9

（5）因出入口处为倾斜的平面,故使用斜面功能将在（4）中扩展生成的实体（B）进行部分修改,如图 3-10 所示。

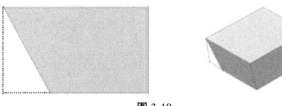

图 3-10

（6）在实体（A）中删除实体（B），如图 3-11 所示。

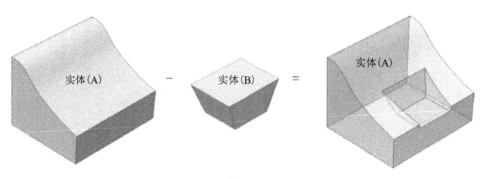

图 3-11

（7）对于实体（A），需将其分割成地层和隧道两个部分。为此先建立两部分的交界面。

与(1)~(2)的操作类似,先建立隧道的截面(线组),再将其扩展成面组(C)形成交界面,如图 3-12 所示。

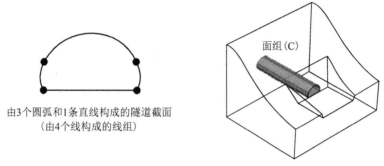

由3个圆弧和1条直线构成的隧道截面
（由4个线构成的线组）

面组(C)

图 3-12

（8）使用交界面面组（C）分割实体（A），如图 3-13 所示。

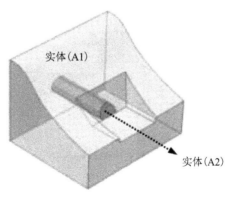

实体(A1)

实体(A2)

图 3-13

（9）对于隧道部分的实体（A2）需根据施工阶段再进行分割。为此先生成分割施工阶段的分割面,如图 3-14 所示。

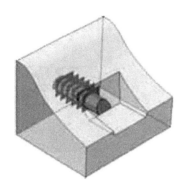
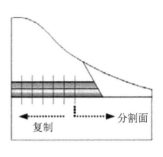

图 3-14

（10）与操作（8）一样,利用分割面分割隧道实体（A2）,这样就完成了几何模型的建立,如图 3-15 所示。

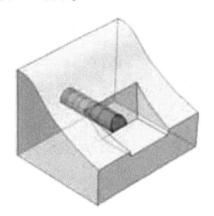
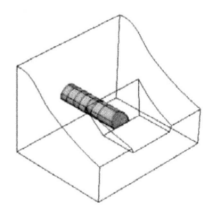

图 3-15

（11）对于完成的几何模型,使用自动网格功能划分网格,如图 3-16 所示。

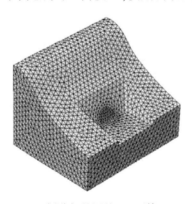
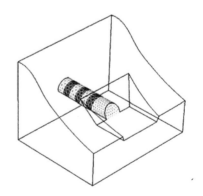

（a）划分好的网格（四面体）　　　　（b）根据实体自动建立网格组

图 3-16

3.1.2　划分网格

根据构成单元的节点所能形成的几何形状(维数),可将单元按以下方式分类。

(1)标量(Scalar)单元。由 1 个或 2 个节点构成的不具备特别几何形状的单元。如质量(Mass)、阻尼(Damper)、弹簧(Spring)单元等,如图 3-17 所示。

图 3-17

(2)一维单元(Line)。拥有"长度"这样的几何特性,由 2 个或 3 个节点构成的单元。如桁架单元和梁单元,如图 3-18 所示。

图 3-18

(3)二维单元(Plane)。拥有"面积"这样的几何特性的三角形或者四边形单元。如平面应力、平面应变、轴对称、板单元等,如图 3-19 所示。

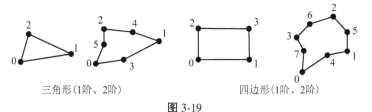

图 3-19

(4)三维单元(Solid)。拥有"体积"这样的几何特性的四面体(Tetrahedron)、五面体(Pentahedron,Wedge,Triangular Prism)、六面体(Hexahedron,Brick)单元,如图 3-20 所示。

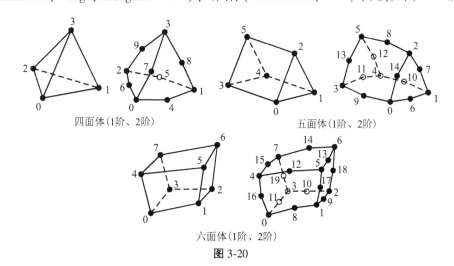

图 3-20

所有实际结构都是具有体积的空间结构,分析时需对单元赋予结构的材料和体积来描述其运动,因此对于单元需另外定义一些特性。

对于一维、二维、三维单元所需定义的基本特性见表3-2。

表 3-2　　　　　　　　　　　一维、二维、三维单元的基本特性

单元分类	几何特性	特性	体积计算
一维单元	长度(L)	截面面积(A)	$L \times A$
二维单元	面积(A)	厚度(t)	$A \times t$
三维单元	体积(V)	不需要	V(几何特性)

一般来说单元网格划分操作与操作对象的几何维数、单元网格的类型无关,都要经过下列操作步骤,如图3-21所示。

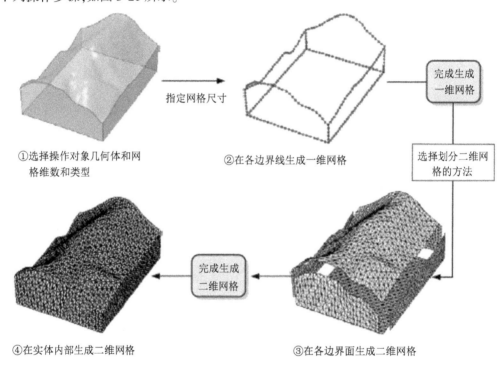

①选择操作对象几何体和网格维数和类型

②在各边界线生成一维网格

③在各边界面生成二维网格

④在实体内部生成二维网格

完成生成一维网格

选择划分二维网格的方法

完成生成二维网格

指定网格尺寸

图 3-21　生成单元网格的一般操作步骤

一维、二维、三维单元网格生成的具体步骤如下。

(1)一维网格(1D Mesh)。将选择的线按指定的网格尺寸分割单元。

(2)二维网格(2D Mesh)。生成一维网格后(如有必要程序内部可自动生成),以一维网格为基础按用户选择的二维网格划分方法中按程序默认的方法在对象面生成二维网格。

(3)三维网格(3D Mesh)。经过一维网格和二维网格的划分步骤(如有必要程序内部可自动生成),以生成的二维网格为基础在对象实体上生成三维网格。

在根据上述步骤划分网格时,需要注意的几点重要事项如下:

（1）为了能正常地生成二维网格,面的边界线上的一维网格应该是完全闭合的,即一维网格不应该有断开区段和互相交叉区段。同理,为了能正常地生成三维网格,实体的各边界面上生成的二维网格也应是闭合的。

（2）为了方便用户,程序提供了多样化的网格尺寸指定功能,从根本上决定网格密度的是线的网格尺寸。所以对需要细分的重要区域,使用指定重要区域的线的网格尺寸方法是最可靠的方法。

（3）如果有必要,用户可手动建立低维数的单元网格,然后让程序自动生成高维数网格。例如,用户手动建立二维网格后可直接生成三维网格。从根本上说建立三维网格只需要边界面上的二维网格即可。

单元网格内部节点所属单元数量称为"价"（Valence）或"规则度"（Degree Regularity）,根据价将网格类型分为"结构网格"和"非结构网格"。

（1）结构网格（Strucured Mesh）。内部节点的价（Valence）均相同时称为"映射网格"（Mapped Mesh）。

在 GTS 中可利用映射网格（Map-Mesh）的相关命令生成结构网格。

（2）非结构网格（Unstrucured Mesh）。内部节点的价（Valence）不相同的网格,也称为"自由网格"（Free Mesh）。

在 GTS 中的自动网络（Auto-Mesh）的命令中提供了各种命令生成非结构网格。

下面利用二维四边形风格来说明价（Valence）和由此决定的结构网格和非结构网格的差异,如图 3-22 所示。

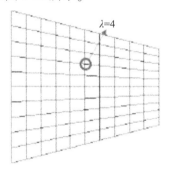 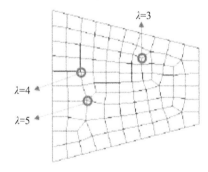

（a）四边形结构网格　　　　　　　　（b）四边形非结构网格

图 3-22

图 3-22 的四边形结构网格中,价为 4 时,一个节点由 4 个单元共享,各单元在该节点的角度为 360°/4＝90°,此时形状最佳。对于非结构网格,随着价的不同,其角度也将随之变化。因此节点的价与 4 相差越大,其角度也将与 90°相差很多,从而导致网格的形状越差。

结构网格的形状比较好,但生成结构网格有一些限制条件。通过下面例子介绍生成二维结构网格的限制条件,如图 3-23 所示。

结构网格的生成过程,首先是在二维的正四边形基本几何体上生成基本网格,然后将该网格向三维实际几何体映射,从而生成结构网格。因此,若要生成结构网格,其几何形状必须满足以下 2 个条件:

（1）为了能生成正四边形的基本几何体,实际几何体必须能定义明确的 4 个角点。

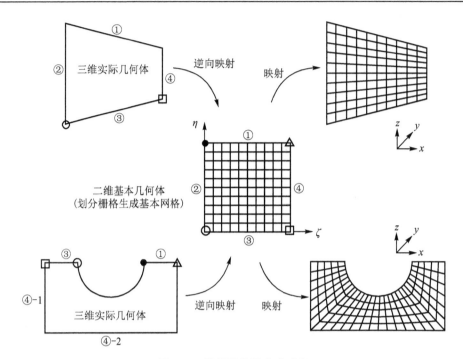

图 3-23 结构网格的生成过程

对凸多边形程序会自动找到 4 个角点, 必要时用户可自己指定 4 个角点。

对不能指定 4 个角点的几何体, 用户应做适当的分割。对分割后的各部分自动生成网格, 如图 3-24 所示。

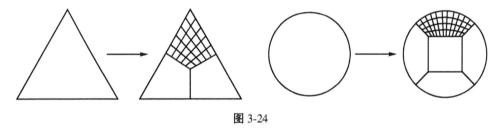

图 3-24

(2)因为是通过简单的划分栅格生成基本网格, 所以在二维基本几何体上相对的线或线组的网格分割数量应一致。

对应线上的单元数量分割一致。当用户人工指定网格尺寸时, 与指定网格尺寸相比, 指定分割数量会更好。

与结构网格不同, 非结构网格不受几何体的形状、构成、分割数量等的限制, 所以对复杂的任意形状的几何体也可以方便自由地划分网格。

单元类型的选择和单元的形状对于分析结果会产生很大的影响。因此为了得到尽可能精确的结果, 需要根据所要分析的结构的特点和所要进行的分析个类, 选择适当的单元类型, 进行适当的单元划分设置; 并在划分网格后, 对单元的形状和连接状况进行确认。

下面是单元类型的选择和生成单元时需要考虑的基本事项。

(1)单元的大小越小、单元的形状越接近正方形或正立方体, 其分析结果会越精确。

（2）单元的个数和分析时间是成反比的。因此为了提高工作效率,需事先对网格的大小、密度的分布等做合理的规划。对于①重要的部分;②几何形状变化较大的部分;③材料或者特性发生变化的部分;④荷载发生变化的部分;⑤预计分析结果会发生较大变化的部分,最好将网格划得细一些。相反,对于一些不重要的部分和结果不会有很大变化的部分,可以将网格划得粗一些,从而对整个模型的单元数量进行调整。

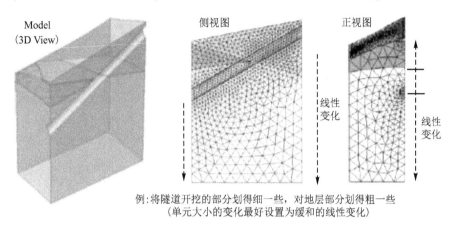

例:将隧道开挖的部分划得细一些,对地层部分划得粗一些
（单元大小的变化最好设置为缓和的线性变化）

图 3-25

（3）三角形单元和四面体单元比起四方形单元和六面体单元,其效应会更刚性(Stiff)一些。因此建议尽可能使用四方形单元和六面体单元。

与此类似,一维单元比起二维单元,其效应也会更刚性(Stiff)一些,因此也建议使用二维单元,特别是对于三角形和四面体单元更应尽可能使用二维单元。

（4）生成单元网格后,必须对单元的连接关系(Connectivity)进行确认。对于二维网格需检查是否存在自由边,对于三维网格需检查是否存在自由面,如图 3-26 所示。

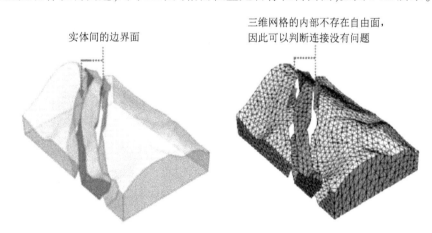

图 3-26 查看相邻三维实体间边界面的自由面

（5）利用程序提供的多种单元形状检查功能。可以检查单元的形状是否合适。几何形状变化较大而网格又划得比较粗的地方较易生成不好的网格,需特别加以注意。对于二维网格需确认是否存在内凹四边形单元(Non-convex Quadrilateral:Jacobian Ratio ≤0),

对于三维网格需确认是否存在几乎接近于一个平面的四面体单元(Collapsed Tetra)。

3.2 分析系统

GTS 提供的主要分析功能如下。

3.2.1 静力分析(Static Analysis)

静力分析从原理上讲是对一个完全没有振动的结构进行分析,但实际上荷载作用于结构时是存在振动的。因此,一般是将荷载作用于结构时所引起的振动频率小于结构自振频率的 1/3 时,将其作为静力问题进行分析。静力分析还可以细分为线弹性分析(Liner Elastic Analysis)、非线性弹性分析(Nonlinear Elastic Analysis)、弹塑性分析(Elastoplastic Analysis)。

3.2.2 施工阶段分析(Construction Stage Analysis)

考虑岩土施工过程的数值分析大部分都可以看作是进行施工阶段分析。岩土分析需考虑材料非线性,而材料非线性的特性取决于施工前岩土所处的初始条件,比如最具代表性的原地层的应力。有了原地层的初始应力状态,就可以得到开挖时的荷载,并根据Mohr-Coulomb 等材料模型得到剪切强度。可以说施工阶段分析是从原地层的应力状态开始,根据施工的进程,对其全过程依次进行分析的过程。由于现场的施工阶段非常复杂,在分析时需将其简单化,以主要的和重要的施工阶段为主进行分析。

3.2.3 稳定流分析(Steady-stage Seepage Analysis)

稳定流分析是指地层内部或外部的边界条件不随时间发生变化的分析。因此在分析范围内的流入量(In-flow)和流出量(Out-flow)在任何时段都是不变的。

3.2.4 非稳定流分析(Transient Seepage Analysis)

非稳定流分析是指地层内部或外部的边界条件随时间发生变化的分析。与稳定流分析的差异一个是边界条件随时间发生变化,另一个是需要材料的体积含水量(Volumetric Water Content)。当地下水上升或者下降时,需要与上升速度或下降速度相关的非饱和区域的含水率和空隙率(Porosity)等参数。

3.2.5 特征值分析(Eigenvalue Analysis)

特征值分析是分析结构固有的动力特性,也叫自由振动分析(Free Vibration Analysis)。通过特征值分析得到的结构的主要动力特性包括振型(模态)、自振周期(或自振频率)以及振型参与系数(Modal Participation Factor),这些特性取决于结构的质量和刚度。

3.2.6 时程分析(Time History Analysis)

时程分析是指当结构受动荷载作用时,对动力平衡方程式求解的过程,即利用结构的动力特性和所施加的动力荷载,计算任意时刻结构的反应,如位移、内力等。MIDAS/GTS 使用振型迭加法(Modal Superposition Method)进行时程分析。

3.2.7　反应谱分析(Response Spectrum Analysis)

反应谱分析是把多自由度系统假设为单自由度系统的复合体,组合并分析预先通过数值积分求出的任意周期(或者频率)范围对应的最大反应值(加速度、速度、位移)的方法,主要应用于利用设计频谱所进行的抗震设计中。

GTS 不仅提供材料的普通弹性(Elastic)模型和正交异性(Transversely Isotropic)模型,而且提供岩土分析所需的多种其他材料模型。

3.2.7.1　Tresca Model

将 Tresca 模型适用于岩土材料存在不少缺点。首先,Tresca 模型假定剪切强度与静水压(或者约束压力)无关,这与岩土的特性有些不符。其次,Tresca 模型中抗压强度与抗拉强度相同,但试验表明土的抗压强度比抗拉强度大。最后,其没有考虑主应力的影响。但是,对于饱和土的不排水条件下的应力分析(也叫 $\phi = 0$ 的分析),适用 Tresca 的破坏模型还是可以得到比较合理的结果的。实验结果表明,不排水条件下的饱和土的剪切强度与静水压面的全应力(平均应力)无关,因此可以适用 Tresca 破坏模型。

3.2.7.2　Von Mises Model

Von Mises 破坏模型与 Tresca 破坏模型一样在适用于岩土材料时同样存在上述缺点。但同样可以适用于饱和土的不排水条件下的应力分析,而且 Von Mises 模型由于不存在 Tresca 曲面六角形所导致的数值分析的复杂性,因此更便于使用。

3.2.7.3　Drucker Prager Model

Drucker Prager 破坏面可以看作是圆滑的 Mohr Coulomb 破坏面,或者考虑土随静水压其材料特性变化的 Von Mises 破坏面的扩展。另外破坏准则比较简单,可以通过普通的三轴试验方便地确定其两个参数。破坏面圆滑,对于三维结构也便于适用。该准则考虑了静水压的影响,但无法考虑破坏包络线为曲线的情形。Drucker Prager 准则比起 Mohr Coulomb 准则,可以考虑中间主应力的影响,但根据试验结果确定材料参数时,如果不能正确取值,其计算结果与试验结果会产生很大的误差。

3.2.7.4　Mohr Coulomb Model

Mohr Coulomb 破坏准则简单、准确,对于岩土材料适用最广,但也存在两个主要缺点。首先该准则假定中间主应力对破坏没有影响,这与实验结果不符。其次,Mohr 图形的子午线与破坏包络线都为直线,即认为强度参数 ϕ 不随静水压力的变化而变化。因此该准则对于特定的静水压状态才能得到精确的结果,而且由于破坏包络线存在折角,也加大了数值分析的难度。

3.2.7.5　Hoek-Brown Model

该模型为最近使用较多的岩土的经验破坏准则,是以 Griffith 的裂缝发生屈服准则为基础,对于很多不同强度的岩石适用之后,由其结果而开发的经验模型。Hoek 和 Brown 还对该准则的适用范围进行了限制,即如果岩石含有 4 个以上的不连续面,而且其中的一个面与其他面相比差异很大时,可以将这种岩石看作是各向异性,因此不可使用此模型。

3.2.7.6 Hyperbolic (Duncan-Chang) Model

岩土的应力—应变曲线中,越接近破坏区域其非线性特点越明显。非线性弹性模型就是通过不断修正地基弹性模量模拟岩土的非线性特性。在 MIDAS/GTS 中提供了邓肯-张提出的非纯属岩土本构关系。该本构关系中应力—应变曲线为双曲线形状,弹性模量是侧限应力(confining stress)和剪应力的函数。因为该模型中需要的变量可通过实验或文献较为容易获得,所以该模型是目前国内外广泛使用的非线性岩土模型。

3.2.7.7 Strain Softening Model

GTS 中提供应变—软化本构关系,其应力—应变关系曲线由 3 个直线段组成,即到达最大剪切强度的线性区段,从最大剪切强度到残留强度的软化区段,保持残留强度的区段。

3.2.7.8 Cam Clay Model

剑桥(Cam Clay)模型是表现弹塑性硬化材料的临界状态模型,其公式基于 Atkinson 和 Brandsby 以及 Bbrtto 和 Gunn 提出的公式。剑桥模型使用有效应力作为参数。

3.2.7.9 Modified Cam-clay Model

修正的剑桥(Cam Clay)模型除屈服函数为椭圆形与剑桥模型不同外,其余与剑桥模型相似。

3.2.7.10 Jointed Rock Mass Model

节理岩模型是各向异性弹性-完全塑性(Anisotropic Elastic Perfectly-plastic)模型,即同时具有弹性各向同性模型和塑性各向异性模型的特点。节理模型适合于模拟分层的岩石,该模型可模拟具有 3 个层方向和结合方向的完整岩。

3.3 界面的使用

GTS 可以使用户方便地调出操作所需的各种功能,并且在此过程中尽可能缩短鼠标的移动范围,以提高工作效率。

GTS 的操作界面由以下 6 种窗口构成,如图 3-27 所示。

(1)工作窗口(Work Window)。是建模和进行后处理作业的操作环境。

(2)表格窗口(Table Window)。将输入数据的分析结果数据按电子表格形式表现的窗口。

在表格窗口中提供了各种编辑、添加、查询和整理命令以及制作图表功能,与 MS-E 数据互换兼容。

(3)工作目录树窗口(Works Tree Window)。工作目录树中列有项目的所有几何、网格、荷载、边界条件、分析信息、分析结果信息,具有与 Windows 的资源管理器类似的树形结构。

在工作目录树中可一目了然地确认工作内容,并支持各种选择功能并提供包含对目标操作命令的关联菜单(Context Menu)

(4)特性窗口(Property Window)。特性窗口中提供在工作窗口或工作目录树中选择的个体的相关特性信息。

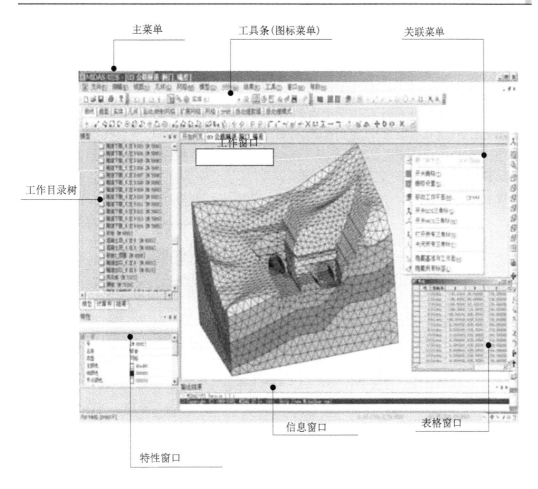

图 3-27 GTS 的界面构成及菜单系统

特性窗口根据工作模式(前后处理、生成计算书)不同其构成也不相同,在特性窗口中可修改名称、颜色等基本信息。

(5)信息窗口(Output Window)。输出建模和分析过程的各种信息以及警告和错误信息。

GTS 的菜单系统构成如下。

(1)主菜单(Main Menu)。内含程序的所有操作命令。

(2)分页式工具条(Tabbed Toolbar)。GTS 中对经常使用的一些命令提供了适当的图标菜单 (Icon Menu)。特别是将具有类似功能的图标集成到相同的表单(Tab)中,用户查找使用比较方便。用户可用鼠标手动工具条旋转到自己喜欢的地方,用户也可在工具条上按右键,在弹出的关联菜单上选择显示或隐藏工具条。

对图标的操作功能不了解时,可将鼠标旋转到图标上,则将会显示相应图标的功能说明的小贴士。

(3)关联菜单(Context Menu)。在工作窗口或工作目录树中按关联菜单按钮,将会显示对应于相应目标或环境的功能菜单。

3.3.1 工作窗口(Work Window)

运行 GTS 后会显示启动页面,打开新项目就会显示工作窗口。通过启动页面,用户可以连接到 MIDASIT 公司的主页以及程序的技术服务中心。

工作窗口是利用 GTS 提供的丰富的 GUI(Graphic User Interface)功能,进行几何建模、生成网格、定义边界条件、施加荷载、分析和设计等操作的窗口。

工作窗口的背景颜色以及其他显示属性可通过主菜单的视图/显示选项或者图标菜单的 显示选项来设置,如图 3-28 所示。

图 3-28

在显示选项菜单中可以设置工作窗口的各种显示属性。

开始页和工作窗口以及表格窗口可以通过按上部的表单标题进行切换。

3.3.2　工作目录树窗口(Works Tree Window)

根据工作类型 GTS 的工作目录树可分为前处理工作目录树、后处理工作目录树、计算书工作目录树表单。

3.3.2.1　模型工作目录树

几何体、网格组、荷载、边界条件等前处理工作项目的信息以类似 WIN 资源管理器目录树结构的形式保存在前处理工作目录树中。用户可对其进行选择、修改、显示或隐藏等操作。

如图 3-29 所示,前处理工作目录树的主要功能如下:

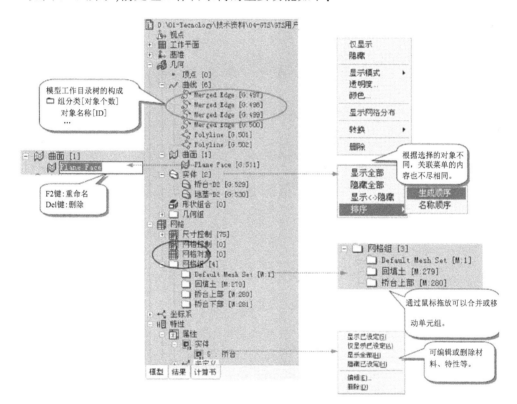

图 3-29　前处理工作目录树的构成

(1)与建模时在工作窗口中选择对象一样,在前处理工作目录树中也可以选择目标。

(2)根据选择的对象,提供相应的关联菜单。在工作目录树中相应项目上按右键会弹出关联菜单。

(3)提供与 Windows 资源管理器类似的重新命名、删除、移动等操作功能。

3.3.2.2　结果工作目录树

分析结束后程序会自动读取分析结果并将可以查看的结果一目了然地显示在树形菜单中。对各结果还可按图表、表格以及图形形式输出,如图 3-30 所示。

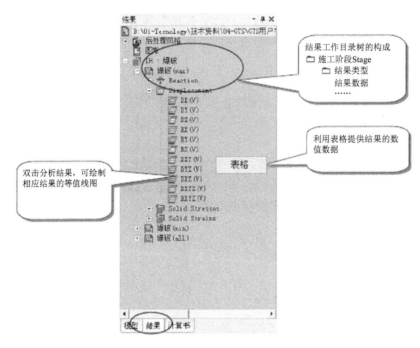

图 3-30　结果工作目录树的构成

3.3.2.3　计算书工作目录树

在计算书工作目录树中,可输出的项目按段落分布在树形菜单中,用户可增加、修改和删除输出项目,如图 3-31 所示。

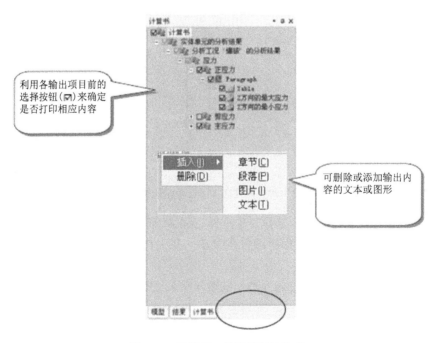

图 3-31　计算书工作目录树的构成

3.3.3 特性窗口

特性窗口是显示在工作窗口或者工作目录树中选择的相应对象的各种信息的窗口。根据选择的个体不同,在特性窗口中显示的信息和使用方法也不尽相同。

3.3.3.1 前处理模式

显示被选择对象的各种信息,可修改名称、颜色等基本信息。根据选择的对象不同,其显示的信息内容也不同。具有代表性的输出内容如图 3-32 所示。

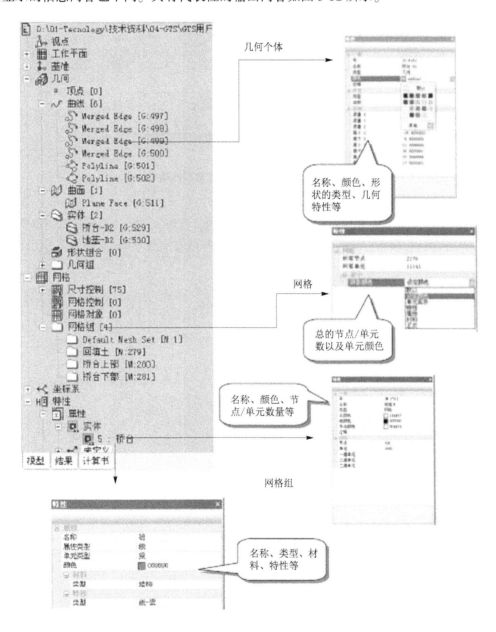

图 3-32 特性窗口中输出的前处理模式状态下的信息

3.3.3.2　后处理模式

与前处理模式中的作用不同,特性窗口在后处理模式中主要用来设置图形的显示选项,如图 3-33 所示。

在特性窗口设置的选项,将适用于后处理模式下的所有操作。所进行的设置将保存在注册表中,对于新项目也同样适用。

设置等值线显示选项
(颜色、范围、方式等)〈例〉

图 3-33　后处理模式的特性窗口的构成

3.3.3.3　生成计算书模式

对在工作目录树中选择的输出项目,可设定格式、名称、字体、边距等计算书格式。与前处理模式类似,根据所选的输出项目特性窗口的构成会有所不同,如图 3-34 所示。

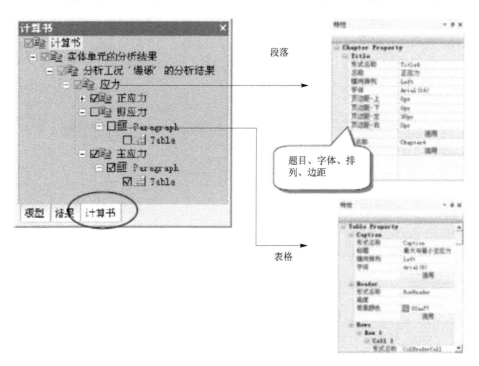

段落

题目、字体、排列、边距

表格

图 3-34　生成计算书模式状态下的特性窗口的构成

3.3.4 信息窗口(Output Window)

在输出窗口将输出建模和分析过程中的各种信息、警告和错误信息、分析的进展、查询节点或单元的结果等。输出窗口中的信息可通过关联菜单进行复制,如图 3-35 所示。

可复制选择的内容

图 3-35 信息窗口中输出的信息以及关联菜单

工作目录树/特性/信息窗口的操作方法:使用工作目录树/特性/信息窗口进行操作时,有时会需要将某些窗口隐藏起来或者将其位置进行移动。下面对这 3 个窗口的操作方法予以说明。

3 个窗口都拥有图 3-36 右侧上端的操作按钮,可以通过点击菜单按钮对其进行操作。

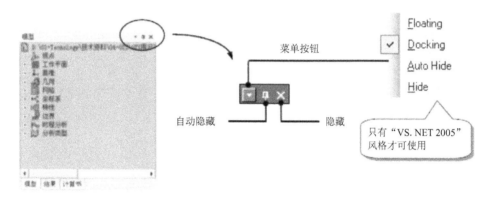

图 3-36

(1)浮动(Floating)。窗口可位于程序内部、外部的任意位置。

(2)固定(Docking)。与浮动相反,窗口只能处于程序或者其他窗口的上/下/左/右端的位置。

(3)自动隐藏(Auto-Hide)。除题目表单外,窗口的剩余部分都处于隐藏状态。只有把鼠标放到题目表单上时,整个窗口才会自动显示的状态。

(4)隐藏(Hide)。将窗口完全隐藏。若要显示,可在主菜单的窗口菜单重新勾选。

当调整窗口的位置时,需将鼠标放在题目处并按住鼠标左键,将窗口拖放到任意位置。

在浮动模式指定窗口位置,将窗口拖动到任意位置之后,放开鼠标左键即可。

在固定模式指定窗口位置,将窗口拖放到程序或其他窗口的边端位置时,窗口会自动变回到固定模式,如图 3-38 所示。在固定模式下方便地指定窗口位置的方法如下:①首先在显示选项的一般表单将窗口风格设定为 VS.NET 2005。②在窗口的题目处按住鼠标的左键将其拖动。根据鼠标所处的位置,画面中将显示窗口的固定位置。③将鼠标放到相应位置时,相应方位就会被显示为半透明的蓝色。此时松开鼠标左键,窗口就被放到了该位置。这种方法在将窗口固定到别的窗口时非常方便。

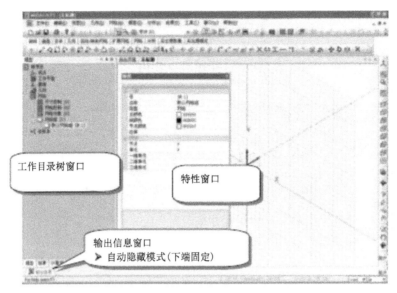

图 3-37

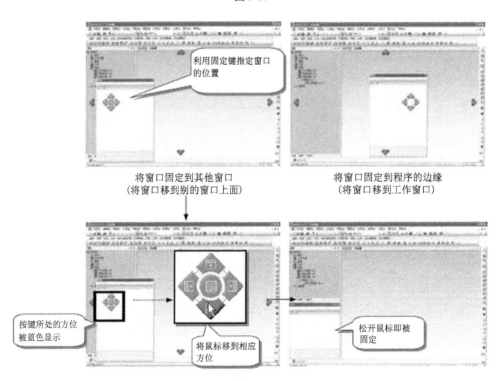

图 3-38

3.3.5　主菜单

主菜单中包括使用 GTS 所需的所有功能的命令和快捷键。

文件：与文件、输出、数据交换、项目设置等相关的功能。

编辑：撤销/重做功能。

视图:显示选项、视图、模型表现等相关功能。

几何:几何个体的建立、编辑以及工作面和栅格的设置等功能。

网格:控制网格、生成自动网格划分,映射网格,建立网格、网格的检查和网格组操作等功能。

模型:节点和单元的自动生成和编辑、各种分析数据的输入与编辑。

分析:分析控制数据、指定分析选项、进行分析等功能。

结果:分析结果的组合、整理及分析结果文件的转换。

工具:设置单位体系和基本操作环境、调出地震波数据生成器功能等。

窗口:GTS 的各窗口的显示/隐藏,以及对窗口排列的设置。

帮助:调出联机帮助、链接 GTS 和 MIDAS 的主页、发送 E-mail 等功能。

3.3.6 工作条和图标菜单

GTS 对于使用频度较高的功能,提供形象化的图标菜单,以便于调出。为了方便查找和调出,对于相同类型的功能,其图标菜单被分别集中在相同的图标组。另外将鼠标放在任意图标上,就会出现对该图标的功能进行说明的小贴士(Tool Tip),如图 3-39 所示。

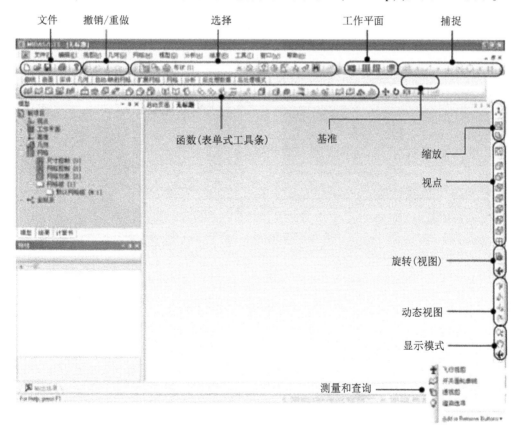

图 3-39 GTS 的工具条构成和排列位置

GTS 的工具条中最重要的就是函数工具条。

为了初学者使用方便,程序将具有类似功能的图标菜单集成到同一个表单下面,用户可根据操作的类型或对象类型选择相应的表单后,在弹出的相应的函数工具条中选择相应的图标菜单。

例:在函数工具条中查找图标菜单的说明,如图 3-40 所示。

想生成多段线	→曲线表单
分割某一实体	→实体表单
删除多段线或者实体	→几何表单

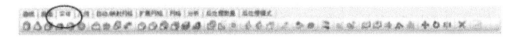

利用实体表单的图标菜单进行实体建模操作之后

切换到自动/映射网格表单对建立的实体模型划分网格

图 3-40　利用函数表格式工具条高效建模的操作举例

可以使用鼠标将工具条拖放到任意位置。另外利用工具条的用户定义功能,用户可以根据自己的喜好编辑图标菜单的构成,如图 3-41 所示。

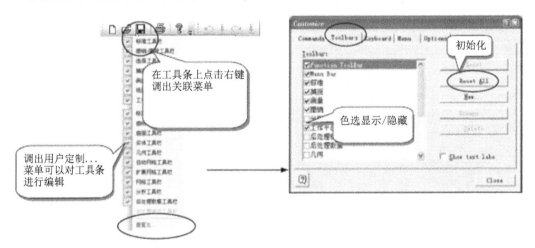

图 3-41　工具条的用户定义方法

3.3.7　关联菜单

通过点击鼠标右键即可调出与当前的操作状态、选择对象、点击位置等相关联的功能以及最常用的一些功能,可最大限度地缩短鼠标的移动,提高方便性和工作效率。

3.4　选择和视图

GTS 提供多种选择方法和视角调整功能以及模型显示方式。

3.4.1　选择

几乎所有的命令都要选择适用的对象,因此选择功能可以说是所有操作中最基本和最重要的功能。根据操作状态和对象,选择最有效的选择方法是非常必要的。

GTS 中提供了多种方便的选择方法,用户在任何操作状态都可以有效地进行选择。

选择工具条中列有所有的选择方法,见图 3-42 和表 3-3。

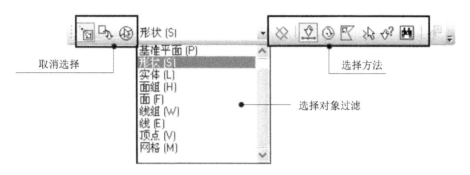

图 3-42　GTS 的选择工具条的构成

表 3-3　　　　　　　　　　　　GTS 的选择工具条的构成

	选择(0)	添加选择
	解除选择(0)	解除选择
	解除全部选择	将目前选择的所有个体解除选择
	交叉选择(Ctrl)	在窗口、圆、多边形选择中,被边界划过的单元也将被选择
	点击/窗口(1)	点选或用鼠标划过的四边形区域内的目标将被选择
	圆形(2)	圆区域内的对象将被选择或被解除选择
	多边形(3)	闭合多边形内的对象将被选择或被解除选择
	多线段(4)	被一系列的直线划过的对象将被选择或被解除选择
	点击查询(5)	将显示鼠标点击位置的所有个体目录,用户可在其中选择所需个体进行选择或解除选择
	显示	当前显示窗口中的所有个体将被选择或解除选择
	号	输入节点、单元号进行选择或解除选择

在工作窗口中,将鼠标放置到操作对象上,个体的边界将变成天蓝色亮显,选择后被选择的个体边界将变成红色。

(1)选择。将指定对象添加到选择中。选择过程中按数字键(0)或在工作窗口中按鼠标中间键可转换为解除选择模式。

（2）解除选择。将指定对象从选择集中排出的模式。选择过程中按数字键（0）或在工作窗口中按鼠标中间键可转换为解除选择模式。

（3）全部解除选择。将当前被选择的目标全部解除选择。选择过程中双击鼠标中间键将激活该功能。

（4）交叉选择。使用窗口（Window）、圆（Circle）、多边形（Polygon）选择目标时，被选择框边界划过的单元也将被选择。

使用窗口、圆、多边形选择的过程中按一下【Ctrl】键后放开，则包含交叉功能将被开或关，如图3-43所示。

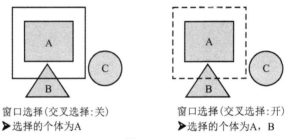

窗口选择（交叉选择：关） 　　窗口选择（交叉选择：开）
➤ 选择的个体为A 　　➤ 选择的个体为A，B

图3-43

（5）点击/窗口。一个一个点击选择或用鼠标划过成四边形选择。点击或窗口选择使用哪个命令取决于鼠标操作。

（6）点击选择。单击个体进行选择或解除选择。在选择模式下重新点击已选择的目标时将解除该目标的选择。

（7）窗口选择。使用鼠标划过成四边形，选择或解除选择相应区域内的对象。划过鼠标过程中按【Ctrl】键时将取消四边形区域的定义。

选择过程中按数字键【1】时，可将选择方法转换为点击/窗口模式。

（8）圆。选择或解除选择圆区域内包含的对象。定义圆时按住鼠标左键划过鼠标则会显示指定半径。划过鼠标过程中按【Ctrl】键时将取消圆形区域的定义，如图3-44所示。

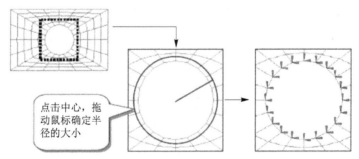

点击中心，拖动鼠标确定半径的大小

图3-44　使用圆选择对圆孔周围的节点进行选择以定义边界条件

选择过程中按数字键【1】时，可将选择方法转换为圆模式。

（9）多边形。选择或解除选择闭合多边形区域内的包含对象。定义多边形区域时按顺序点击各角点，按最后一个点时双击鼠标左键。定义角点过程中按【Ctrl】键时将取消多边形区域的定义。

选择过程中按数字键【3】时,可将选择方法转换为多边形模式,如图 3-45 所示。

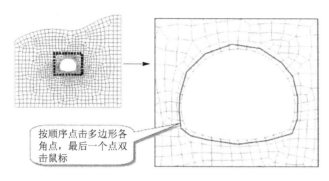

图 3-45　多边形选择隧道周围的节点

(10)多段线。画一系列的直线被其划过的对象将被选择或解除选择。定义多段线时安排好顺序点击各点,点击最后一个点时双击鼠标左键。定义多段线各点过程中按【Ctrl】键将取消多段线的定义。

选择过程中按数字键【4】时,可将选择方法转换为多段线模式,如图 3-46 所示。

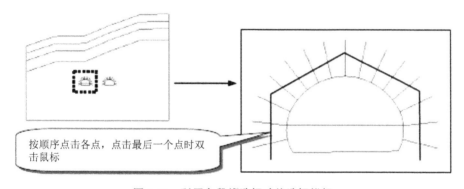

图 3-46　利用多段线选择功能选择锚杆

(11)点击查询。将鼠标点击位置的所有个体列出,由用户确认后选择或解除选择。在目录中选择所需个体按"确认",则该个体将被选择。

选择过程中按数字键【5】时,可将选择方法转换为点击查询模式,如图 3-47 所示。

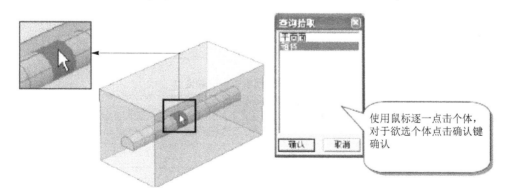

图 3-47　使用点击查询选择功能选择实体内部的个体

（12）显示。选择或解除选择当前工作窗口中显示的所有对象。

可在选择工具条上点击显示图标菜单或按热键【Ctrl】+【A】即可，如图 3-48 所示。

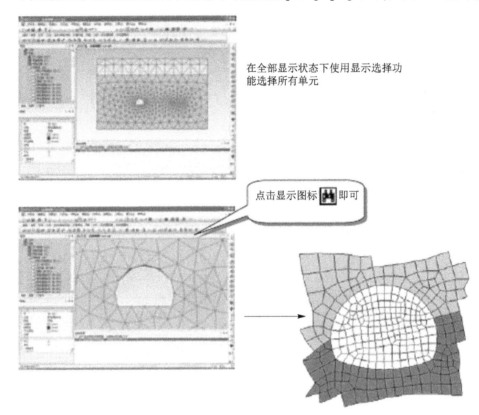

图 3-48　放大视图状态下使用显示选择功能选择被显示的单元

（13）号。在节点、单元选择模式中直接输入号选择或解除选择的方法，可以与其他选择方法并用。

节点或单元选择模式是指选择过滤被指定为节点或单元的情况，仅在对节点和单元进行操作时过滤窗口中才会显示节点或单元过滤项。启动号选择功能时，在工作窗口的右上端会弹出号选择窗口，之后可以按以下方式进行。①在号选择对话框中直接输入节点或单元号进行选择。②在工作窗口中使用其他方法选择节点、单元时，被选择的节点、单元号将显示在号选择窗口上。用户可修改其中的号再重新选择节点、单元，见图 3-49和表 3-4。

表 3-4　　　　　　　　　　　号选择对话框中各键的功能

添加	将新输入的号的节点、单元添加到选择集中
替换	将当前已选的对象全部解除选择，只选择新输入的号的节点和单元（替换选择）
清除	清除号输入窗口中的内容
关闭	关闭号选择窗口

用户可根据选择过滤（Selection Filter）功能指定过滤对象，可一次选择所需对象。根

被选择节点的节点号会显示在号选择的对话框中

可直接输入号或通过修改号选择对话框里的号进行选择

命令对话框

图 3-49　利用号选择特定节点的例子

据当前作业模式和运行的命令,选择过滤框中的内容组成会不同。其操作模式如下:

(1)中立模式(Neutral Mode)。没有运行任何命令,选择过滤框中由基本项组成。中立模式下只能选择形状(Shape)的几何体(Geometry)和网格组(Mesh Set)、基准(Datum)。

(2)命令操作模式(Command Mode)。当正在执行某个命令时,选择过滤框中的内容只适用于与该命令相对应的内容。不仅对属于形状的几何个体,对于形状的下级个体、网格组、基准、个别节点和单元等都可以方便地选择,如图 3-50 所示。

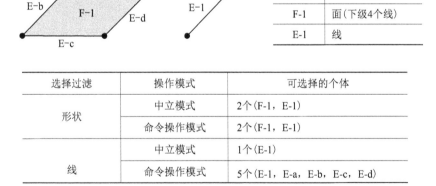

形状	类型
F-1	面(下级4个线)
E-1	线

选择过滤	操作模式	可选择的个体
形状	中立模式	2个(F-1，E-1)
	命令操作模式	2个(F-1，E-1)
线	中立模式	1个(E-1)
	命令操作模式	5个(E-1，E-a，E-b，E-c，E-d)

图 3-50　中立模式和命令操作模式下的选择功能差异

中立模式与命令操作模式下选择功能的差异:在中立模式和命令操作模式下即使使用相同的选择过滤,其选择的个体是不同的,即在中立模式下只能选择属于形状的几何个体。

举个例子进行说明,现在要使用地层的数据生成线,并将这些线进行插值计算生成表述地层的面,如图 3-51 所示。

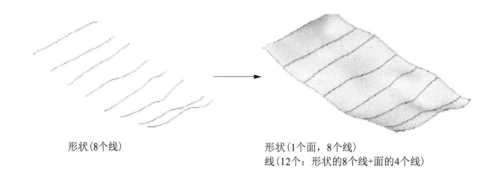

形状(8个线)   形状(1个面，8个线)
                                      线(12个：形状的8个线+面的4个线)

图 3-51

生成地层的面后,现在要选择原来的 8 个线将其隐藏或者删除。

如果中立模式下允许选择不是形状的几何个体:①将选择过滤指定为"形状",并使用显示选择,9 个形状(1 个面,8 个线)会被选择。②将选择过滤指定为"线",并使用显示选择,12 个线会被选择,其中 4 个从属于面的下级线无法被隐藏。

如果中立模式下只允许选择属于形状的几何个体:将选择过滤指定为"线",使用显示选择,可以非常便利地选择所需的 8 个线,直接进行隐藏即可。

正是基于以上原因,GTS 中在中立模式下,只能对属于形状的个体进行选择。因为大部分建模操作都是在命令操作模式下进行的,可以自由地选择所有下级个体,因此中立模式和命令操作模式的差异不会给用户带来不方便,相反,用户可以利用这种差异对于复杂的模型进行便利的选择操作。

GTS 的选择过滤的构成见表 3-5。

表 3-5   GTS 的选择过滤的构成

选择过滤	可选择对象
基准轴(A)	选择基准轴
	指定方向(移动/扩展/投影)和旋转轴时使用
基准平面(P)	选择基准平面
	指定工作平面和投影/分割/对称平面时使用
几何体(Geometry)	
形状(S)	选择属于形状的几何个体
实体(L)	选择实体
面组(H)	选择面组
面(F)	选择面
线组(E)	选择线组
线(E)	选择线
顶点(V)	选择顶点

续表 3-5

网格(Mesh)	
网格(M)	选择网格组(单元组)
	选择网格组,用于选择包含在网格组中的所有单元和节点
节点	选择节点
单元	选择单元
节点/单元	同时选择节点和单元
	在网格组(Mesh Set)中添加/删除节点和单元时使用
单元-面	选择三维单元的面(Face)
	给三维单元施加面压力(Face Pressure)时使用
单元-线	选择二维单元的线
	给二维单元施加线压力时使用

注:1.中立模式只能选择最顶级的形状的个体;
　2.只能用于有关节点和单元的命令中;
　3.只能用于网格组(Mesh Set)的操作(添加/删除)中;
　4.只能用于如压力等荷载/边界条件相关命令中。

在选择过滤中选择的类型,将作为鼠标的小贴士显示,如图 3-52 所示。

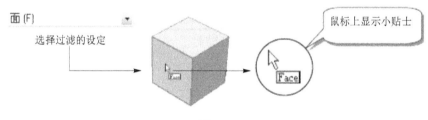

图 3-52

由于在命令操作模式下,可以对所有几何个体进行自由地选择,因此越是下级个体,其可被选择的数量就会越多。在可选择的对象很多的情况下,有可能出现无法准确选择需要的对象的情形。此时可以尝试按下述方法进行选择。

(1)选择方法为点击时,可通过上下方向键按顺序显示鼠标所在区域的各个对象,如图 3-53 所示。

(2)选择方法使用点击查询。将相应的对象逐个确认后选择。

在选择过程中未能正确选择所选对象时可按以下顺序确认。

(1)确认"选择模式(选择、解除选择)"。

(2)确认"选择过滤"的"类型"。

(3)移动鼠标的位置重新尝试。

在 GTS 中选择个体时,不仅可以利用选择方法、选择过滤,而且可以利用几何体的几何特征和几何体的级别概念进行选择。

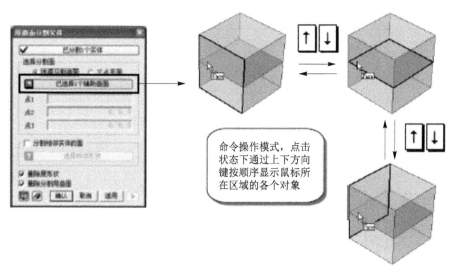

图 3-53 命令操作模式下对象的选择过程

下面介绍建模过程中经常使用的选择方法。

（1）指定方向、旋转轴。在移动（Translate）、扩展（Extrude）、投影（Project）等操作中指定方向或在旋转（Rotate）、旋转扩展（Revolve）等操作中指定旋转轴时，可以利用基准和几何个体的几何特征使用多种方法指定方向或旋转轴。下面是对该方法的整理，见表 3-6。

表 3-6   各种方法的整理

适用个体	使用的几何特征	选择过滤
基准轴[1]	基准轴的方向	基准轴
基准平面	基准平面的法线方向	基准平面
线（直线）	直线的方向	线
线（圆/圆弧）	圆/圆弧的中心和 圆/圆弧平面的法线方向	线

续表 3-6

适用个体	使用的几何特征	选择过滤
面(平面)	平面的法线方向	面
面(旋转体)	旋转体(圆柱等)的中心轴	面
两点向量	用户指定的两点向量	不需要(对话框中的选项)
轮廓线的法向[2]	扩展(Extrude)操作中基本个体(可为平面)的法线方向	不需要(对话框中的选项)

注：1.基准(Datum)是指可作为建模基准的点、基准轴(Datum Axis)、基准平面(Datum Plane)；

2.仅用于扩展(Extrude)、局部扩展 Local Prism 等部分功能中。

　　如图 3-54 所示,在三维任意空间上扩展隧道截面生成实体时,可选择相应方向的线做扩展方向(该例子因为可以定义隧道截面的平面,所以也可以使用隧道截面(Profile)的法线方向作为扩展方向)。

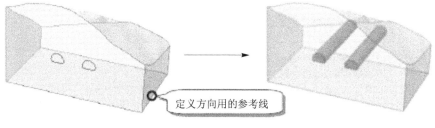

图 3-54

　　如图 3-55 所示,使用圆扩展生成斜井(Inclined Shaft)时,参考线指定为圆,则沿圆所在平面的法线方向扩展。

　　如图 3-56 所示,在隧道截面周边旋转设置锚杆,悬转轴可选择圆弧。

　　如上面例子所示,可使用 GTS 独有的借助几何体的几何特征指定方向和旋转轴,这在建立复杂模型时非常实用。用户也可以通过指定两点或三点定义方向向量或平面,此时可使用 GTS 提供的各种捕捉功能,如图 3-57 所示。

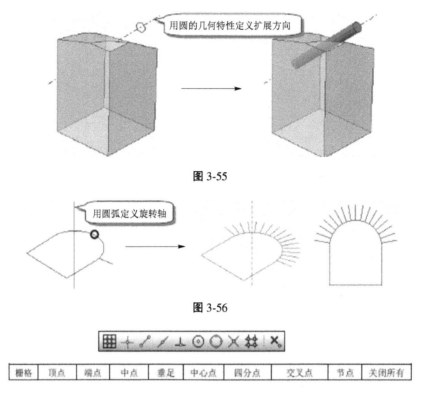

图 3-55

图 3-56

栅格	顶点	端点	中点	垂足	中心点	四分点	交叉点	节点	关闭所有

图 3-57 GTS 的捕捉功能

(2)利用几何体的级别概念进行选择。在 GTS 中可利用几何体的级别概念进行选择,即通过在过滤窗口中选择高级别的个体过滤,选择包含在该级别个体中的所有低级别个体,如图 3-58 所示。

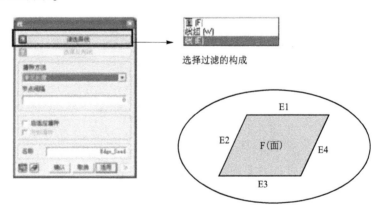

图 3-58 在线上指定网格尺寸的对话框(要选择线的状态)

在选择过滤中选择线时,只能一个一个地选择,但在选择过滤中选择高级别的面或线组时,只要选择相应线所属的高级别的面(或选择面的外轮廓线组)就可以一次选择 4 个线。

在选择属于特定个体的所有低级别的个体时,在选择过滤时选择高级别的个体会更方便一些。

（3）利用网格组（Mesh Set）、几何体选择节点和单元。与几何体级别概念类似，在选择节点、单元时，可在选择过滤中将其先设置为网格（Mesh），则在选择某一网格组（Mesh Set）时，其包含的节点和单元均将被选择。

在几何体上生成单元网格后，可以以几何体（面、线）为目标，选择在相应几何体上生成的节点和单元，如图 3-59 所示。

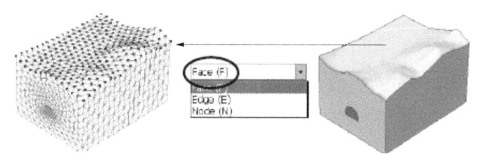

图 3-59　以面为目标选择地表上生成的所有节点

在荷载、边界条件对话框中，考虑荷载和边界条件本身的特点，提供了更方便的选择功能。其中最方便的功能是选择三维网格的自由面（Free Face）、二维网格的自由边（Free Edge）上的节点的功能，如图 3-60 所示。

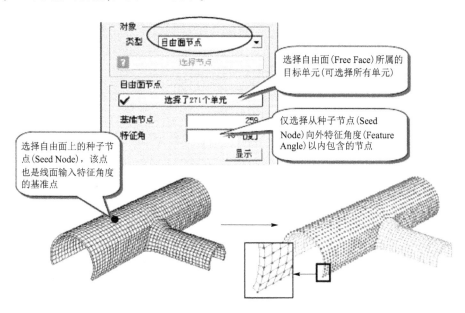

图 3-60　只选择主隧道衬砌上表面上节点

3.4.2　视图控制

在 GTS 中提供了各种调整视角的功能，以便用户建模和观察分析结果。

在 GTS 中提供的大部分的视角调整功能集成在视图工具条（View Toolbar）中，见图 3-61 和表 3-7。

图 3-61　GTS 调整视角的视图工具条

表 3-7　　　　　　　　　　　GTS 调整视角的视图工具条中功能说明

	重设 Reset	将视角和模型视图恢复到初始状态
	全部缩放 Zoom all	将模型充满屏幕
	窗口缩放 Zoom Window	放大鼠标滑过的四边形区域内目标
	标准视图 Iso View	将视点调整到标准视角
	前视图 Front View	将视点调整到模型正面
	后视图 Rear View	将视点调整到模型背面
	顶视图 Top View	将视点调整到模型顶面
	底视图 Bottom View	将视点调整到模型底面
	左视图 Left View	将视点调整到模型左面
	右视图 Right View	将视点调整到模型右面
	法向视图 Normal View	将视角调整到 Work Plane 的法线方向(画面将转换成工作平面的 x 轴在画面的右侧,y 轴在画面左侧的二维视图)
	前次视图 Previous View	将转换到前次视图放大状态
	向左旋转 Rotate Left	以模型或画面的中央为基准顺时针旋转
	向右旋转 Rotate Right	以模型或画面的中央为基准逆时针旋转
	向上旋转 Rotate Up	以模型或画面的中央为基准向上旋转
	向下旋转 Rotate Down	以模型或画面的中央为基准向下旋转

续表 3-7

图标	名称	说明
	动态缩放 Dynamic Zoom	使用鼠标拖动缩放模型
	动态平移 Dynamic Pan	使用鼠标拖动平移模型
	动态旋转 Dynamic Rotate	使用鼠标拖动旋转模型
	漫游视图 Flying View	使用鼠标拖动将视点调整到模型内部和外部查看模型
	等值线显示开关 Toggle Iso-line	决定是否显示几何体(曲面、实体)的等值线
	透视图 Perspective View	给模型远近的感觉,显示透视效果
	渲染选项 Rendering Option	决定在渲染时是否使用光源以及光源的位置

在调整视角功能中使用最多的是动态调整功能。

(1)动态缩放(Dynamic Zoom)。点击图标菜单后,在工作窗口中按鼠标左键滑动实现缩放,向上或向右滑动时为放大,向下或向左滑动则缩小,要连续放大或缩小时,可按住 键和鼠标左键(LB)拖动,不必点击动态缩放命令。

(2)动态平移(Dynamic Pan)。点击图标菜单后,在工作窗口中按鼠标左键滑动实现平移。要连续平移时,可按住 键和鼠标左键(LB)拖动,不必点击动态平移命令。

(3)动态旋转(Dynamic Rotate)。点击图标菜单后,在工作窗口中按鼠标左键滑动实现旋转。要连续旋转时,可按住 键和鼠标左键(LB)拖动,不必点击动态旋转命令。

动态旋转时,根据鼠标拖动的位置旋转方式不同。在工作窗口的左右边(从边上到工作窗口宽度的10%范围内)上下移动鼠标,则以画面为中心如二维旋转那样在平面内上下旋转,如图 3-62 所示。

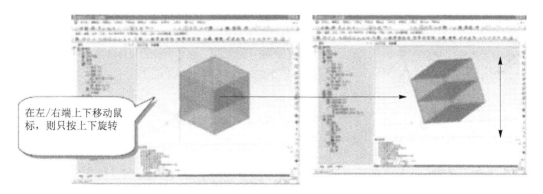

在左/右端上下移动鼠标,则只按上下旋转

图 3-62 根据鼠标拖动的位置动态旋转的旋转方式会不同

3.4.3　图形表现方式

为了便于查看模型状态以及各种形式表现模型,GTS 提供了多种图形表现功能。

3.4.3.1　几何体的表现方式

几何体的表现方式可按形状设置。

设置几何体的表现方式时,首先选择几何体,然后在关联菜单中选择显示模式子菜单,如图 3-63 所示。

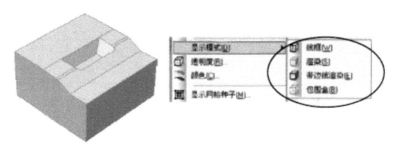

图 3-63

几何体可用4种方式表现:

(1)线框图(Wire Frame)。隐藏几何体的面,仅用外部轮廓表现。

(2)消隐(Shading)。仅用面表现几何体。

(3)消隐带边(Shading with Edge)。同时显示面和外轮廓。

(4)边界框(Bounding Box)。不显示几何体的实际形状,仅用几何体外部边界框来表现。将鼠标放置到边界框里时,图中将显示实际的几何体的线框图,以便用户确认,如图 3-64 所示。

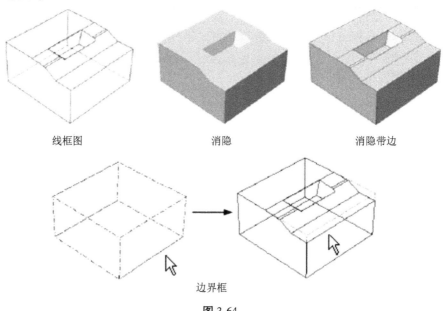

图 3-64

用消隐或消隐带边方式表现几何体时,可以使用透明(Transparency)功能查看几何体的内部。

在设置透明之前先选择几何体,然后在关联菜单中选择透明命令。在透明对话框中设定透明等级。当解除透明时,将透明等级(Transparency Level)设置为 0,如图 3-65 所示。

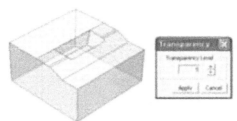

(a)透明的设置和使用

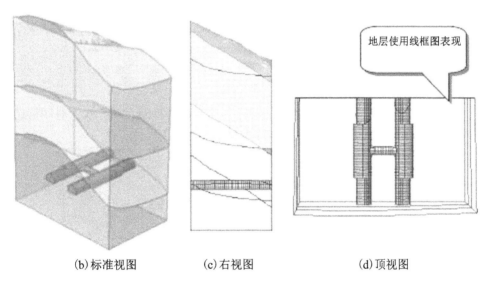

(b)标准视图　　　　(c)右视图　　　　(d)顶视图

图 3-65　利用透明功能表现地层和隧道

对不同的几何体可使用不同的表现方式,这样对表现复杂的模型非常有效。

3.4.3.2　单元网格的表现方式

单元网格的表现方式可按网格组为单位设置。

与设置几何体的表现方式相同,在设置网格组的表现方式时同样先选择网格组,然后在关联菜单中选择显示模式。

单元网格可用 3 种方式表现:

(1)线框图(Wire Frame)。隐藏网格组(Mesh Set)中的所有单元的面(Face),仅显示轮廓线(Edge)。

(2)消隐(Shading)。显示网格组(Mesh Set)中的所有单元的面和轮廓线。

(3)特征轮廓线(Feature Edge)。显示网格组的特征轮廓线。所谓特征轮廓线(Feature Edge)是指单元的边线所属的两个单元面(Free Face)之间的角度比指定的角度大的单元连线,如图 3-66 所示。

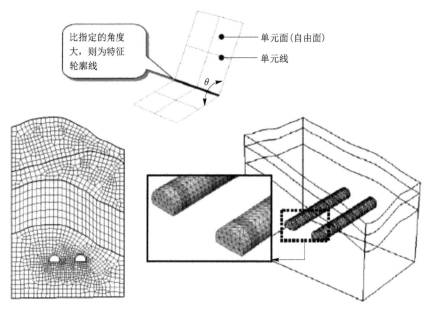

（a）线框图方式表现的二维网格　　　（b）将地基用特征轮廓线表现的三维网格

图 3-66

与几何体的表现方式相同,网格组也可以分别定义各自的表现方式。对网格还可以使用收缩(Shrink)功能,缩小一定比例表现网格,如图 3-67 所示。

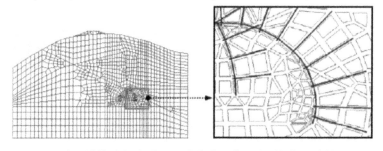

图 3-67　在二维模型中,仅将平面应变单元收缩查看锚杆和喷射混凝土

（4）透视(Perspective Mode)。Perspective Mode 是按透视表现模型的方式,如图 3-68 所示。

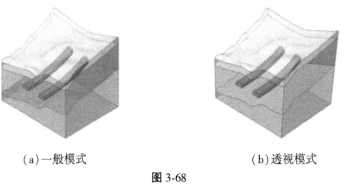

（a）一般模式　　　　　　　　　　（b）透视模式

图 3-68

3.4.4 数据输入

为了方便用户,在 GTS 中提供了多种数据输入方式。

(1)在同一个数据输入框中输入多个数据时,可用逗号或空格区分。

例:"333,102,101"或者"333 102 101"。

(2)当需要连续输入多个相同距离时,可使用"重复次数@距离"的方式输入。

例:"20,25,22.3,22.3,22.3,22.3,22.3,88" → "20,25,5@22.3,88"。

(3)当输入连续的或是有一定间隔的节点或单元号时,可使用"开始号 to(t) 结束号"或者"开始号 to(t) 结束号 by 间隔"的形式输入。

例:"21,22,…,54,55,56" → " 21 to 56","21 t 56"。

例:"35,40,45,50,55,60" → "35 to 60 by 5","35 t 60 by 5"。

(4)与数字一起可使用数学计算符号,在工科上使用的大部分计算符号和括号都可以使用。

例:"$\pi \times 20^2$"→"PI * 20^2"。

3.5 利用联机帮助

使用 GTS 时可以按【F1】键或者点击主菜单帮助里的联机帮助,通过目录、索引、搜索以及收藏等功能查找帮助。

所有帮助的内容都进行了超链接,可通过关键词等方式查到与相应内容相关的详细的功能介绍与说明,如图 3-69 所示。

图 3-69 GTS 的联机帮助

3.6　利用 MIDAS/GTS 的主页

在 MIDAS/GTS 的专门网站上,介绍了这个岩土和隧道通用有限元分析程序的主要功能和特点,以及适用的工程项目。

3.7　输入/输出文件

MIDAS/GTS 文件的种类和用途如下。

3.7.1　数据文件

fn.gtb　Binary　　MIDAS/GTS 的基本数据文件
新建时使用"文件>新项目"
打开现有文件时使用"文件>打开项目"

fn.wzd　Binary　　建模助手(Wizard)的数据

3.7.2　分析结果文件

fn.ta1　Binary　　保存静力线性分析、特征值分析、反应谱分析、时程分析的结果以及施工阶段分析的收敛误差大小、结果是否有奇异等信息

fn.tb2　Binary　　保存渗流分析的结果,对于相应的施工阶段分析可按 tb2 001～tb2 999的扩展名分别保存共 999 个阶段的结果

fn.tb3　Binary　　保存固结分析的结果,对于相应的施工阶段分析可按 tb3 001～tb3 999的扩展名分别保存共 999 个阶段的结果

fn.tb4　Binary　　保存静力非线性(应力)分析的结果,对于相应的施工阶段分析可按 tb4 001～tb4 999 的扩展名分别保存共 999 个阶段的结果

fn.bmp　Binary　　按 Bmp(Bit map)形式保存模型的图形文件;通过文件>打印屏幕功能自动生成

3.7.3　数据互换文件

fn.step　Text　　标准的 CAD 数据转换文件 STEP(Standard for the Exchange of Product Model Data);导入 Step 形式的 Geometry Data 文件,可以得到比较整洁的几何数据

fn.x_t　Text　　常用的 CAD Kernel 的 Parasolid 文本文件

fn.iges　Text　　标准的 CAD 数据转换文件

fn. igs　　　　　IGES(Initial Graphics Ex-change Specification)。将常用的 CAD 程序的几何数据按 IGES 形式保存时,一般都采用 B-Spline 方式来具体表现,因此有可能与原模型有出入;因此建议最好还是使用 STEP 形式的文件形式

fn.dxf　Text　　CAD 的 DXF 文件,在 MIDAS/GTS 只能导入 DXF 文件的曲线数

据。如果 DXF 文件内有面的信息, 则只能导入面的外轮廓线

fn.stl　Text　　STL(Stereo Lithography)形式的文件; 以三角形面(facet)的形式存在, 因此 MIDAS/GTS 按三角形网格导入

3.7.4　计算书文件

fn.rpc　Text　　保存计算书的相关信息; 运行生成计算书时生成

fn.xml　Text　　以文本文件的形式保存计算书的内容(通过 * .rpc 生成)

fn.xsl　Text　　保存计算书形式(表现方法)的文件(通过 * .rpc 生成)

fn.html　Text　　计算书的结果文件(通过 * .xml, * .xsl 生成)

3.7.5　其他文件

fn.bak　Binary　　MIDAS/GTS 模型数据的备份文件

在工具>参数设置里勾选生成备份文件, 则在保存模型数据时自动生成备份文件

fn.fig　Binary　　Figure 的缩写, 是对一些结果(如位移、反力、等值线、内力图、向量图等)设置输出的文件

fn.pvs　Binary　　Post View Status 的缩写, 保存 Deform Scale 等值线、等值面、剖断面、剪切面、图例等选项的后处理视图状态; Post View Status 分为 Global View Status 和 Local View Status; 首先 Global View Status 默认适用于所有项目, 其被保存在程序安装目录下; Local View Status 为用户自己添加的视图状态(View Status), 其被保存在添加的项目的文件夹里

4 MIDAS 网格划分及有限元模型建立

4.1 程序的基本使用方法

为了正确地使用程序,应熟悉程序的各基本功能。首先熟悉运行程序设定操作环境的方法,便于输入基准坐标轴的基准和便于输入坐标的工作面的使用方法。除此之外,为了进行实际的操作还需熟悉选择功能、显示/隐藏功能、调整画面、输入等。

4.1.1 打开 GTS 文件

运行 GTS 程序后打开简单的模型文件。

(1)运行 GTS。

(2)在主菜单里选择"文件>打开……"后,打开"GTS 操作指南 1.mfb"。

4.1.2 设定操作环境

设定 GTS 的操作环境。一旦设定了操作环境就会保存到 Registry 中,所以即使退出程序重新运行也会保留已设定的操作环境,如图 4-1 所示。

(1)为了设定 GTS 程序的操作环境在主菜单里选择"文件>项目设置……"。

(2)将"一般>自动保存"设置为"False(否)"。

图 4-1

在项目设置的一般里可以设定程序的路径和自动保存的路径,见表 4-1。

表 4-1

公司	输入公司的名称
用户名	指定建立模型的设计人名称
自动保存	选择是否要设置自动保存,True 为是,False 为否
自动保存时间间隔	设置自动保存时间间隔,单位为秒
备份	选择是否自动保存备份文件,True 为是,False 为否
临时路径	指定备份文件保存的文件夹

在项目设置的选择与捕捉里可以设定选择与捕捉的灵敏度。如果用户设定为最熟悉的浏览状态(选择与捕捉的灵敏度)能提高程序的便利性,见表 4-2。

表 4-2

选择与捕捉的灵敏度	指定选择或者使用捕捉时鼠标的灵敏度(栅格捕捉除外)
栅格捕捉灵敏度	指定作用在栅格捕捉上的灵敏度

在项目设置的误差里指定程序的容许误差,见表 4-3。

表 4-3

认为是 0	指定程序里看作为 0 的有效数字精度
复制误差限	指定认为是节点重复的误差限制

(3)根据用户需求设定项目设置后点击"适用"。

(4)在右下角的单位选择中将单位指定为"Tonf(ton)"和"m"。

(5)选择"视图>显示"选项。

(6)选择"一般表单"。

(7)将"渐变色"指定为"False"(否)。

(8)点击"适用"。

使用显示选项可以指定模型窗口的颜色、栅格的形状、在 GTS 里生成的几何体数据的基本颜色、风格的基本视图状态、在画面上是否显示节点和标签的形状和颜色等。有关显示选项的详细说明参照联机帮助。

4.1.3 GCS 和 WCS,基准和工作平面

在 GTS 里使用的坐标体系有整体坐标系(GCS)、工作坐标系(WCS)、用户定义坐标系。在上述坐标系里程序经常使用的是 GCS 和 WCS,用户可以任意生成并使用用户坐标系。GCS 是固定的坐标轴,在画面上用红色(x 轴),绿色(y 轴)的方面箭来表示。WCS 是和工作面一起移动的坐标轴,在画面上用白色方向箭来表示,各轴的名称用红色的(x,y,z)来表示。

（1）在工作目录树里展开基准查看基准数据，如图 4-2 所示。

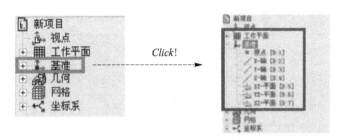

图 4-2

基准和 GCS 的概念比较类似，是指在固定位置指向固定方向的基准轴和基准面。基准数据主要应用于指定方向（例如想将形状沿 GCS 的 x 轴平行移动 10 时，在基准里选择 X-Axis 来平行移动），一旦运行程序就会自动生成与 GCS 的各轴方向相同的 3 个基准轴（X-Axis, Y-Axis, Z-Axis）和组合 GCS 的轴的 3 个基准面，而且 Origin 是位于原点的假想顶点（Vertex）。

一般情况下，利用程序提供的基准建模上就基本上没什么大问题了，但是特殊情况利用几何>基准功能用户可以直接生成基准。

工作平面是指用户为了任意移动形状的位置而输入的二维坐标平面。虽然为了在空间上生成形状需要输入三维绝对坐标，实际上大多数只需要输入模型的长度相对坐标。此时将基准平面移动到适当的位置后，在工作面上只输入二维坐标就可以很方便地建模，而且有些特定的生成曲线及修改曲线功能只适用于位于工作面平面上的情况。

（1）在模型窗口上点击鼠标右键调出关联菜单。

（2）选择"开关栅格"。

建模的时侯如果存在栅格（Grid），通过视觉可以查看模型的位置，所以很方便，但是偶尔这些栅格也会妨碍查看模型形状，此时需要利用栅格开关关闭栅格，如图 4-3 所示。

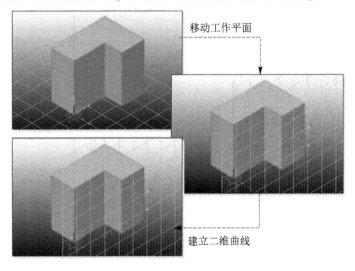

图 4-3

4.1.4　选择功能与激活/钝化

在此简单介绍建模中一定会使用的选择功能和激活/钝化功能。

(1)在画面上端的选择工具条里确认 ▣ 选择(0)是否为按下状态。

(2)在选择工具条里的选择过滤栏 形状(S)　　　　中将选过滤指定为"形状(S)"。

(3)在选择工具条里确认 ▣ 拾取或窗选(1)键是否为按下状态。

(4)将鼠标移动到画面(模型窗口)上的四边形实体(Solid)上。

(5)实体的边界线会亮显为蓝色。

(6)在实体亮显的状态下点击鼠标左键。

(7)实体的边界线会变成红色。

(8)将鼠标移动到画面上的四边形面上。

(9)面的边界会亮显为蓝色。

(10)在面亮显的状态下点击鼠标左键。

(11)面的边界线会变成红色。

在 GTS 里可以使用的与选择相关的有选择模式 ▣ 和解除选择模式 ▣ ,解除所有选择 ▣ 等。

▣	选择模式	可以选择已建立的对象;在选择过程中可以使用像拾取或窗选、圆形窗口选择等多种选择方法,选择一向是累加的;如果重新选择已选择的对象就会取消选择
▣	解除选择模式	如果激活解除选择模式,那么就不能添加选择只能取消选择;如果选择若干个对象时转换成解除选择模式的话,那么就像选择时一样会取消选择已选中的对象
▣	解除所有选择	点击此按钮的话会取消所有的选择

所有的选择功能均可以使用选择过滤功能。在任意对话框里需要进行选择时,选择过滤窗口中会显示可供选择的对象。此时变换选择过滤类型后可以指定要选择的对象的类型。如果将选择过滤指定为任意类型,那么只能选择指定类型的几何形状。所以当选择过滤窗口指定为面的状态下进行上述步骤(4)~步骤(11)的操作,实体在选择时既不会亮显也不会被选中。

在选择模式和解除选择模式时能共同使用的选择方法如下。

▣	拾取或窗框选(1)	在模型窗口中直接点击鼠标或者拖动鼠标以选择对象;拖动时只有全部形状都包含到拖动的区域里时才能选中,但是如果按下包含交叉选择按钮的话,那么即使拖动的领域里只包含形状的一部分也可以被选中
▣	圈选(2)	选择完全包含在圆内部的对象;但是如果按下包含交叉选择按钮的话,那么即使圆里包含形状的一部

		分也会被选中
⬚	多边形选择（3）	在画面上按顺序点击生成多边形来选择对象，点击多边形最后一条边的终点时要双击；只有完全包含在多边形内部的对象才能被选中；如果在画多边形过程中按 ESC 键的话可以取消操作后重新画多边形。如果按下包含交叉选择按钮的话，那么即使多边形里只包含形状一部分也会被选中
⬚	多段线选择(4)	生成多段线然后选择与此相交的对象
⬚	显示选择	选择显示在模型窗口上的所有对象；即使只看到部分形状也会被选中
⬚	号选择	只有在过滤窗口中为单元的情况下才能使用；利用号选择对话框直接输入单元号就可以选择对象

选择单元时除利用上述的选择功能外，还可以使用特性选择、材料选择等功能。特性选择和材料选择是当选择过滤指定为单元(T)的状态下，在工作目录树通过用鼠标点击对应的特性或者材料来使用。

（12）在画面上点击鼠标右键调出关联菜单。

（13）选择"隐藏"。

（14）在模型窗口里确认实体和面是否消失。

（15）在工作目录树里展开面的"曲面"。

（16）在工作目录树的"曲面"里确认"Rectangle-Face"的图片是否显示为 ⬚ 。

（17）在工作目录树里点击"Rectangle-Face"的鼠标右键。

（18）选择"显示"。

（19）在画面上确认是否出现面。

（20）在工作目录树的曲面里确认"Rectangle-Face"的图片显示是否由 ⬚ 转变为 ⬚ ，如图 4-4 所示。

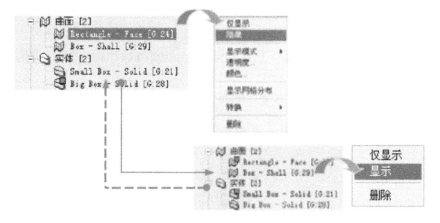

图 4-4

不单单在模型窗口里可以选择,在树形菜单(工作目录树)里同样可以选择。在树形菜单里的选择与 Window 搜索里的选择是一样的。即想选择若干个对象是可以通过【Ctrl】或者【Shift】键来进行的,但是如果按顺序一个一个选择的话是无法累加选择的。

"显示/隐藏"是建模过程中频繁使用的功能之一。在有若干个形状的复杂建模中选择想要的对象并不是一件容易的事情。此时对于此阶段里不使用的形状都隐藏起来,那么隐藏起来的形状就不参与选择,就可以便利地选择想要的形状。

"显示/隐藏"命令向来是通过调出关联菜单来使用的。在个别形状的关联菜单里只能使用有关个别形状的"显示/隐藏"功能。如果在工作目录树里选择上一阶的(曲面、实体等)类型时对于所注册的个体可以使用所有"显示/隐藏"的功能,"显示全部、隐藏全部、显示 <-> 隐藏"等命令。在工作目录树查看隐藏状态的形状时形状的右上侧会有灰色的四边形标志。

有关单元的"显示/隐藏"命令在网格组(单元的组合)里可以使用。对于个别的单元可以使用与"显示/隐藏"概念不同的"激活/钝化"功能,如图 4-5 所示。

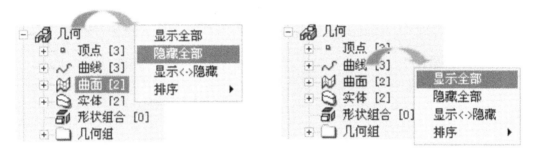

图 4-5　GTS 操作指南 1-7

(21)在工作目录树里双击"几何组展开"。

(22)用鼠标左键选择"Set 1"。

(23)在模型窗口里选择曲线和面组时其边界线会变为红色。

(24)点击鼠标右键调出关联菜单。

(25)选择"隐藏"。

(26)在模型窗口里确认是否一起隐藏了曲线和面组。

(27)在工作目录树的几何里点击鼠标右键调出关联菜单。

(28)选择"显示全部"。

利用几何组可以一次性选择若干个对象。在几何组里与形状类型无关可以选择任意个数的形状。

当选择特定的类型形状时如果选择几何组,那么就可以在所包含的形状中选择想要的类型形状。可以利用几何组的关联菜单里的新几何组功能建立新的几何组。选择生成的几何组后可利用关联菜单的"几何组>项的添加和排除"菜单,选择"几何形状注册在几何组中"。在组里可以删除注册的形状,如图 4-6 所示。

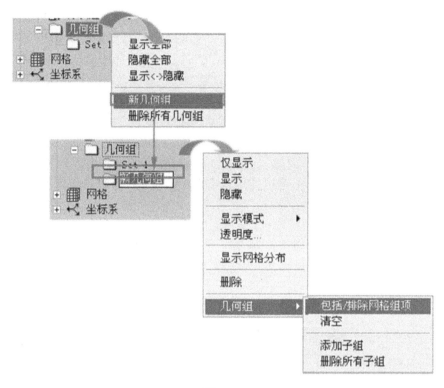

图 4-6

4.1.5 处理模型画面

GTS 为准确的建模提供了多样化的模型画面的处理功能。

(1)在工作目录树里点击"几何>实体 >Big Box-Solid"的鼠标右键调出关联菜单。

(2)选择显示"模式>线框图"。

(3)在画面上用红色显示实体的轮廓。

(4)在工作目录树里点击"几何>实体 >Big Box-Solid"的鼠标右键调出关联菜单。

(5)选择显示"模式>渲染"。

(6)在画面上实体会渲染显示。

(7)在工作目录树里点击"几何>实体 >Big Box-Solid"的鼠标右键调出关联菜单。

(8)选择显示"模式>带边线渲染"。

(9)在画面上查看实体,初始状态与边界边一起消隐。

(10)在工作目录树里点击"几何>实体 >Big Box-Solid"的鼠标右键调出关联菜单。

(11)选择"透明……"。

(12)在"透明"对话框里点击 按钮将透明度指定为"5"。

(13)点击"适用"。

(14)在画面上确认四边形实体透明显示。

(15)在"透明"对话框里点击 按钮将透明度指定为"0"。

(16)点击"适用"。

(17)点击"取消"。

在 GTS 里可以利用以下 4 种方法在画面上显示几何。

	线框图	在画面上只显示形状的边界线
	渲染	在画面上将面进行阴影处理
	带边线渲染	对于面阴影处理后,在画面上用黑色线显示边界线
	包围盒	将形状的轮廓用完全包围的正六面体的包围盒来表示

对于单元网格组可以使用如下的表现方法:

	线框图	将网格组里所属的单元的线在画面上用边界线来表示
	渲染	将网格组里所属的单元的面阴影处理后与单元的线一起显示在画面上
	特征边线	在画面上只显示网格组的轮廓边界线。

(18)点击画面右侧视图工具条里的 右视图。

(19)确认画面上变换的视图状态。

(20)在视图工具条里点击 工作平面法向视图。

(21)确认画面上变换的视图状态。

(22)在视图工具条里点击 标准视图。

(23)确认画面上变换的视图状态。

在 GTS 里指定了 9 个基本视点。

	标准视图	从等长的位置(1,−1,1)查看模型
	前视图	从前面(Y)查看模型
	后视图	从后面(−Y)查看模型
	顶视图	从上面(Z)查看模型
	底视图	从下面(−Z)查看模型
	左视图	从左面(−X)查看模型
	右视图	从右面(X)查看模型
	工作平面法向视图	从工作面的法向方向查看模型

除以上 9 个视点以外附加的还有 重设。当模型特别大时,有可能在画面上无法正常显示。此时如果使用默认视图,那么程序会考虑模型的大小自动把最适合的视点显示在画面上。

(24)在画面右侧的动态视图工具条里双击 向右旋转。

(25)在动态视图工具条里点击 缩放。

(26)在模型窗口上的任意位置点击鼠标左键。

(27)在按住鼠标的状态下左右移动鼠标。

(28)向右移动鼠标画面会放大,向左移动鼠标画面会缩小。

(29)在动态视图工具条里点击 平动。

(30)在模型窗口上的任意位置点击鼠标左键。

(31)在按住鼠标的状态下左右移动鼠标。

（32）随着鼠标的移动画面平行移动。

（33）在动态视图工具条里点击 旋转。

（34）在模型窗口上的任意位置点击鼠标左键。

（35）在按住鼠标的状态下左右移动鼠标。

（36）随着鼠标的移动画面会旋转。

在动态视图工具条里共有 7 个按钮："向左旋转、向右旋转、向上旋转、向下旋转、缩放、平动、旋转"。与视图相关的其他功能有"全部缩放"和"窗口缩放"。"全部缩放"是为了将显示的所有形状都显示在一个画面上来调整画面大小的功能;"窗口缩放"是在画面上只显示拖动的区域的缩放功能。

4.1.6　输入数据

熟悉在 GTS 里输入数据的方法。

（1）在工作目录树的几何里点击鼠标右键调出关联菜单。

（2）选择"显示全部"。

（3）在主菜单里选择"几何>曲线> 在工作平面上建立>二维多段线(线组)……"。

（4）在多段线对话框里点击"输入开始位置"。

（5）将"方法"指定为"坐标 x,y"。

（6）在"位置"里输入"20,0"后按回车或者点击"适用"。

（7）在"多段线"对话框确认输入下一个位置(按右键终止)。

（8）将"方法"指定为"相对距离 dx,dy"。

（9）在"位置"里输入"10,10"后按回车或者点击"适用"。

（10）将"方法"换为"坐标 x,y"。

（11）在"位置"里输入"20,20"后按回车或者点击"适用"。

（12）将"方法"换为"长度,角度'。

（13）在"位置"里输入"10,−45"后按回车或者点击"适用"。

（14）在模型窗口上点击鼠标右键终止生成多段线。

在 GTS 的大部分对话框里为了能够便利地输入数据及查看所输入的值提供了如下按钮。

　通过预览按钮事先查看根据输入的内容所执行的操作

　通过重设按钮删除所有已输入的值,初始化对话框

确认　将输入的事项反映到模型里,同时结束相应的功能并关闭对话框

适用　将输入的事项反映到模型里,同时为了可以继续输入或者修改并不关闭对话框

取消　关闭对话框

在生成曲线对话框里可以利用多种方法直接输入坐标,但是由于每个方法需要输入的值都不一样,所以应利用适当的方法输入坐标。

在一个数据输入栏里同时输入若干个数字数据时用逗号或空格来分隔。

如果和数字一起输入计算公式，可以使用工学上使用的大部分字符和括号。

输入长度数据的时候如果总是反复同样的长度，可以不必反复输入相应的距离，而是按照"反复次数@长度"的形式输入。

（15）在捕捉工具条里点击按下　⊞　栅格捕捉。

（16）如果画面的栅格间距过窄，那么利用栅格捕捉指定操作时，由于很难准确地选择节点，所以先放大画面后再扩大栅格间距。

（17）在画面上移动鼠标找出"50,40"在该光标点出现的位置后点击鼠标左键。

（18）点击的同时"50,40"的值指定为多段线的起点坐标。

（19）在捕捉工具条里点击按下　⊞　栅格捕捉。

（20）在捕捉工具条里点击按下　⊞　顶点捕捉。

（21）用鼠标选择前面生成的多段线的终点。

（22）点击鼠标右键终止生成多段线。

在 GTS 里使用捕捉功能可以在建模的过程中便利地输入坐标。如果适用了捕捉那么在捕捉位置处会出现　⊡　标志，可以指定多种捕捉功能。但是在点击鼠标使用捕捉的过程里，如果光标移动的话有可能指定错误，所以需要加以注意。

对于顶点捕捉不只适用于独立的顶点，对于那些子形状的顶点也同样适用，其他捕捉功能也同样适用于子形状。

（23）选择"几何>生成几何体>扩展……"。

（24）确认是点选中了"选择扩展形状"。

（25）在选择工具条里将选择过滤由"面（F）"转换为"线（E）"。

（26）在"工作目录树>曲线"里点击选择"B-Spline-Edge"。也可以在模型窗口里选择。

（27）确认"选择扩展形状"转换为"已选择一个扩展形状"。

（28）确认"选择过滤"指定为"线（E）"。

（29）在工作目录树里点击选择"几何>曲线 Circle-Edge"。此时在按住键盘的【Ctrl】的状态下选择。

（30）在选择工具条里将"选择过滤"指定为"面"。

（31）在模型窗口里点击选择"Rectangle-Face"（四边形平面）。

（32）确认"已选择 1 个扩展形状"转换为"已选择 3 个扩展形状"。

（33）在扩展对话框的"扩展方向"里点击"选择扩展方向"。

（34）确认"已选择 3 个扩展形状"转换为　✔ 3 Profile(s) Selected 　。

（35）在选择工具条里"确认选择过滤"指定为"基准轴（A）"。

（36）确认"选择扩展方向"转换为　Select Extrusion Direction　。

（37）在模型窗口或者工作目录树的基准里选择"Y-Axis"。

（38）确认　Select Extrusion Direction　转换为　✔ Extrusion Direction Selected　。

（39）在"长度"里输入"30"。

（40）点击　预览按钮。

（41）旋转画面查看生成的形状。

（42）点击"确认"。

只有仔细查看对话框的选择按钮里的提示信息，进行适当的选择才能正常地执行操作。比如说在扩展对话框里有 2 个指定对象按钮和 1 个输入值的窗口。指定对象按钮的选择提示如下所示。

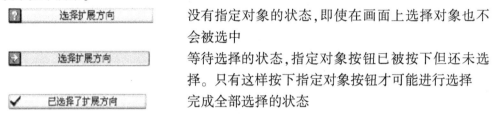

没有指定对象的状态，即使在画面上选择对象也不会被选中

等待选择的状态，指定对象按钮已被按下但还未选择。只有这样按下指定对象按钮才可能进行选择

完成全部选择的状态

在指定对象的过程中或者在完成输入对象时，如果再点击一下对象指定按钮，可以将之前指定的信息全部删除，进行初始化，重新回到待机状态，如图 4-7 所示。

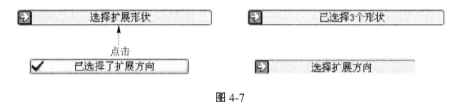

图 4-7

4.2　二维几何建模

在此，操作例子串主要是熟悉通过打开简单的二维几何数据（DXF 文件）后，确认及修改几何模型生成二维网格的过程。

虽然有很多建模方法，但是在 GTS 里建立几何模型后利用自动生成网格的功能生成网格属于效率比较高的方法。GTS 提供 CAD 程序里使用的大部分功能，可以导入并修改 dxf 模型。

4.2.1　打开几何数据文件

打开已经存在的几何模型文件后，通过修改它来建立几何模型。

（1）运行 GTS 程序。

（2）进入开始界面的时候在主菜单里选择文件>新建。

（3）在主菜单里"选择文件>导入> DXF 2D（线框）……"。

（4）点击"选择 Autocad 的 DXF 文件"。

（5）在"浏览"里打开"操作指南 GTS 2.dxf"文件。

（6）在"导入 DXF 2D"对话框里点击"确认"。

（7）在工作目录树里展开曲线。

（8）共有 17 个线。

（9）在工作目录树里选择"几何>曲线 >DXF 2D［G：8］"。

（10）在窗口里确认红色亮显的部分。

（11）在工作目录树里选择"几何>曲线 >DXF 2D［G：9］"。

（12）在窗口中确认红色亮显的部分。

（13）反复操作查看整体模型形状。

4.2.2　修剪（Trim）

如图 4-8 所示模型的右上部的两条线的端点并不统一。所以利用修剪命令修改这部分。

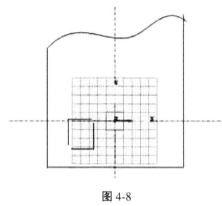

图 4-8

（1）在主菜单里选择"几何> 曲线>修剪……"。

（2）在"修剪"对话框里确认"选择基准个体"。

（3）参照图 4-9 选择"Edge A"。

（4）点击"适用"。

（5）在修剪对话框里确认选择修剪个体。

（6）参照图 4-9，为了以"Edge A"为基准修剪"Edge B"的上部分，所以选择"Point a"。

（7）参照图 4-9，选择"Edge B"。

（8）点击 适用 。

（9）在修剪对话框里确认选择修剪个体。

（10）参照图 4-9，为了以"Edge B"为基准修剪"Edge A"的右侧，所以用鼠标左键点击"Point b"。

（11）点击 取消 。

"修剪"功能是选择基准线后再选择要修剪删除线的点的瞬间自动执行的命令。关于修改曲线的功能里有很多像修剪一样在选择的瞬间就自动执行了操作，所以使用时需要注意。修剪是在工作平面上进行的。

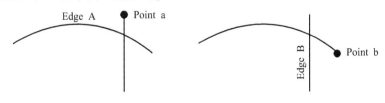

图 4-9

4.2.3 直线(Line)

尽管打开的模型是简单的模型,但是线都分成了小线,而且在线的起点和终点处一定生成了节点。因此有很多这样的小线的时候,在生成网格的过程中,由于小线比输入的网格小,可能会导致生成的网格形状不理想或者在不必要的地方生成细部网格,所以删除小线后重新画一条线。

(1)参照图 4-10 选择标记为矩形的 4 个线。

(2)在键盘上点击【Delete】键。

(3)会弹出显示要 Delete 对象的对话框,在此显示 4 个对象线。

(4)点击"确认"。

(5)在主菜单里选择"几何>曲线>在工作平面上建立>二维直线……"。

(6)在捕捉工具条里点击按下 捕捉顶点。

(7)参照图 4-10 利用捕捉顶点顺次点击 A 点和 B 点生成直线。

(8)点击"取消"。

与其不断地修改已有的线,不如利用 GTS 的几何建模功能重新生成同样的几何形状更容易。如上所述,如果适当地运用捕捉功能可以很方便地建立几何形状。

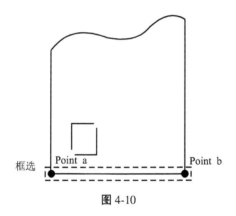

图 4-10

4.2.4 合并线(Merge Edge)

模型的右侧也是由若干个短的线类型的直线构成的。现在将彼此分离的线用合并线命令合并成 1 个。

(1)在主菜单里选择"几何> 曲线>合并……"。

(2)在图 4-11 选择标记为矩形的 8 个线之后将其指定到"选择线"中。

(3)确认误差是否指定为 0.000 1。

(4)点击 预览按钮。

(5)确认没有警告信息后点击"确认"。

(6)在模型窗口上选择合并后的线中的 1 个。

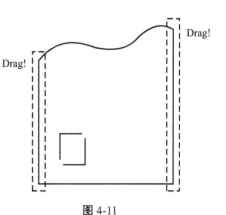

图 4-11

（7）在画面左下端的"特性"窗口里确认"曲线类型"是否为 B-样条。

预览是通过事先执行相应操作预测最终的形状。如果在预览的过程中出现错误的话在窗口中会显示错误信息。

选择 2 个以上的对象时无法在特性窗口查看其相应对象的信息。

合并线功能是将若干个线合并成一个线，但是当线间的距离超过在合并线里指定的容许误差值时是无法执行合并线命令的 。合并线里生成的线为 B-样条类型的曲线。因此，通过合并线生成的线不能使用像直线那样选择方向的功能。

容易与合并线功能混淆的是生成线组功能。生成线组是将线集合成 1 个线组的功能，此时各线都以线组的子形状形式存于线组中。而合并线与生成线组的不同之处在于，它是连接已有的线生成 1 条新的线，所以之前已有的线会消失，如图 4-12 所示。

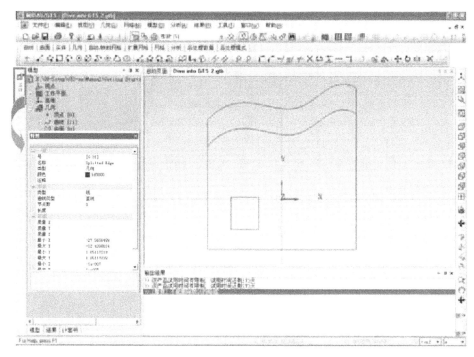

图 4-12

4.2.5 端点重合(Coincide Line-Ends)

在模型内部的右上角部分端点并没有完全重合，这部分利用端点重合（Coincide Line-Ends)的命令统一两线的端点。

（1）在主菜单里选择"几何> 曲线>两线端点重合……"。

（2）在两线端点重合对话框里确认"选择第一个个体"。

（3）参照图 4-13 选择"Edge A"。

（4）在两线端点重合对话框里确"认选择第二个个体"。

（5）参照图 4-13 选择"Edge B"。

（6）在两线端点重合对话框里确认"选择第一个个体"。

（7）参照图 4-13 选择"Edge C"。

（8）在两线端点重合对话框里确认"选择第二个个体"。

（9）参照图 4-13 选择"Edge D"。

（10）确认是否自动执行操作。

（11）点击"取消"。

如图 4-13 所示当线的端点不统一的时候可以利用两线端点重合功能统一线的端点。端点重合只适用于直线，可以延长或者修剪对象线的端点使其端点一致。

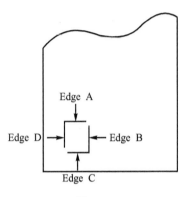

图 4-13

像这样需要利用捕捉来输入坐标的时候，考虑到输入各坐标的目的程序应自动打开最适合的捕捉模式。

4.2.6 移动（Move）

复制移动形状上部的曲线生成地层。

（1）在主菜单里选择"几何> 转换>移动复制……"。

（2）确认是否选择了方向和距离表单。

（3）"选择对象"键按下状态下参照图 4-14 在模型窗口里选择指定为"Curve"的线。

（4）将"方向"指定为"两点向量"。

（5）如果激活捕捉对话框，确认 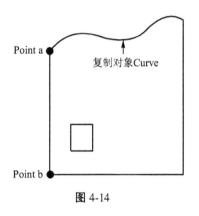 顶点捕捉是否为按下状态。

图 4-14

（6）参照图 4-14 按照顺序点击"Point a"和"Point b"的两点坐标将其输入到移动复制对话框中。

（7）设定"等间距复制"。

（8）在"间距"里输入的距离后面添加"/5"。

（9）在"复制次数"里输入"1"。

（10）点击"确认"。

在此通过利用指定的两点所计算的方向和距离平行移动形状。此外也可以通过输入任意方向和距离来平行移动对象，也可以利用 GCS 或者 WCS 的各轴平行移动对象。

4.2.7　隧道(Tunnel)

生成隧道截面形状。

(1)在主菜单里选择"几何> 曲线>在工作平面上建立> 隧道(线组)……"。

(2)确认"隧道类型"是否指定为"三心圆"。

(3)确认"截面类型"是否指定为"全"。

(4)对于决定隧道截面形状的 R1 和 R2,A1 和 A2 直接使用默认值。

(5)在"位置的截面中心坐标"里输入"10,−12"。

(6)确认是否勾选"生成线组"。

(7)点击 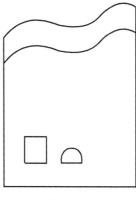 预览按钮确认是否正常生成了隧道。

(8)点击"确认"。

利用 GTS 的隧道截面样本可以很简单地生成隧道截面形状。隧道截面样本提供"三心圆、三心圆+仰拱、五心圆、五心圆+仰拱"4 种。

生成的隧道是由若干线构成的,所以利用生成线组选项将线集合成一个线组以后可以生成截面形状。而且如果勾选非对称选项的话可以生成左右不对称的隧道截面形状,通过使用鼠标捕捉选项利用捕捉可以在任意位置指定隧道截面形状的中心位置,如图 4-15 所示。

图 4-15

4.2.8　调整大小(Scale)

为了生成更大的截面形状利用调整大小功能。

(1)在主菜单里选择"几何> 转换>调整大小……"。

(2)在"选择对象形状"键按下状态下在模型窗口里选择截面形状。

(3)点击缩放中心点的坐标输入窗口。

(4)参照图 4-16 在模型窗口里点击"Point A",那么 A 点的坐标就会输入到缩放中心点中。

(5)确认是否指定为"等间距"。

(6)在"系数"里输入"1.5"。

(7)确认是否未勾选"复制对象"。

(8)点击 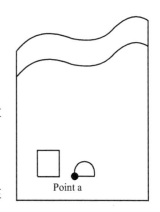 预览按钮确认调整大小后的隧道截面形状。

(9)点击"确认"。

如果使用"调整大小"命令,可以以缩放中心点为中心放大或缩小对象形状。

图 4-16

4.2.9　交叉分割(Intersect)

在窗口中当若干线彼此交叉存在的时候,为将所有的线在交叉处分割应使用交叉分割命令。

(1)在主菜单里选择"几何> 曲线>交叉分割……"。

（2）在交叉分割对话框里确认"选择交叉分割"。

（3）在选择工具条里点击 ![] 显示按钮选择"所有的线"。

（4）点击"适用"。可能无法选中所有的线。

当线彼此交叉存在的时候利用线是无法生成网格或者面的。如果不是特殊的情况建议将彼此交叉的线在交叉处分割，如图 4-17 所示。

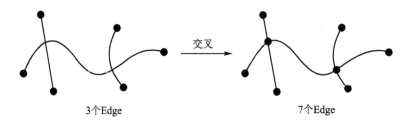

3个Edge　　　　　交叉　　　　　7个Edge

图 4-17

只要指定特性号就可以生成网格。

4.2.10　网格（Mesh）

对建立的几何形状生成网格。

（1）在主菜单里选择"网格>自动划分网格>平面……"。

（2）按下"选择线"键在选择工具条里点击 ![] 显示按钮选择所有的线。

（3）确认"网格划分方法"是否指定为"循环网格法"。

（4）确认"类型"是否指定为"四边形"。

（5）确认是否勾选了"生成偏移单元"。

（6）勾选"划分内部区域"。

（7）将"网格尺寸"指定为"单元尺寸"后,其值输入"3"。

（8）在"特性"里输入"1"。

（9）勾选"独立注册各面网格"。

（10）确认是否勾选"合并节点"。

（11）确认是否"未勾选生成高次单元"。

（12）点击"确认"。

（13）在工作目录树的网格处点击鼠标右键调出关联菜单。

（14）选择"隐藏"。

（15）在工作目录树的几何处点击鼠标右键调出关联菜单。

（16）选择"全部隐藏"。

如果使用自动划分平面网格命令可以利用由线所定义的平面自动生成网格。关于生成网格的详细说明请参考图 4-18 和联机帮助。

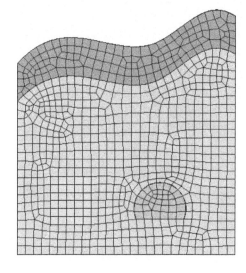

图 4-18

4.3　三维几何建模

利用程序的多样化功能中的主要功能进行简单的三维几何建模,如图 4-19 所示。

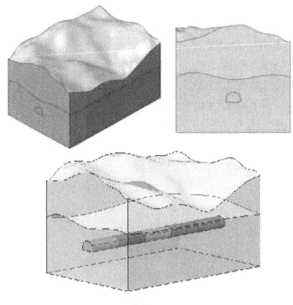

图 4-19

4.3.1　打开 GTS 文件

运行 GTS 程序打开模型文件。

(1)运行 GTS。

(2)进入开始界面后在主菜单里选择"文件>打开……"。

(3)打开"操作指南 GTS 3_Start.mfb"文件。

(4)在动态视图工具条里点击 🔲 全部缩放。

(5)在工作目录树里展开曲线。

(6)在"曲线"里共有 4 个线。

(7)在不进行任何选择的状态下,在模型窗口的空白处点击鼠标右键调出关联菜单。

(8)选择 ▦ 栅格开关。

(9)在不进行任何选择的状态下,在模型窗口的空白处点击鼠标右键调出关联菜单。

(10)选择"关闭所有三角标"。

(11)在工作目录树的基准处点击鼠标右键调出关联菜单。

(12)选择"全部隐藏"。

这个模型是由 4 个曲线构成的。由于存在的曲线是地层的截面形状,所以在建立地层的过程中会使用。

4.3.2　栅格面(Grid Face)

利用栅格面生成地表面形状。

(1)在主菜单里选择"几何> 曲面>建立>栅格面……"。

(2)在"M（No. in X)"里输入"11"。

(3)在"N（No. in Y)"里输入"16"。

(4)在"Origin X"里输入"-50"。

(5)在"Origin Y"里输入"0"。

(6)在"L_X(Length)"里输入"100"。

(7)在"L_Y(Length)"里输入"150"。

(8)点击"标高"键。

(9)在弹出的"高程数据"对话框里点击"加载"键。

(10)打开"操作指南 GTS 3 _ Grid Elevation.dat"文件。

(11)在"高层数据"对话框中确认是否输入了各栅格点的高度数据。

(12)在"高层数据"对话框里点击"确认"。

(13)在"栅格面"对话框里点击 🖭 预览按钮。

(14)在视点工具条里点击 🔍 全部缩放。

(15)在"名称"里输入"地表面"。

(16)点击"确认"。

如果使用栅格面,那么会利用输入的 M 和 N 值生成 M×N 的虚拟的栅格后,再输入栅格的高度数据,以此生成一个复杂的面。在此操作例题中生成 11×16 个栅格,从栅格高度数据文件中导入高度数据后生成地表面。为了生成准确的栅格面,所以至少要有 4×4 以上的栅格,如果设定了比它小的栅格有可能无法生成面。

与栅格面类似的功能有顶点面。顶点面是指定若干个顶点后,生成任意一个包含所有已指定的顶点的曲面,如图 4-20 所示。

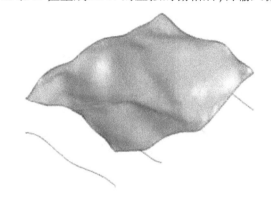

图 4-20

(17)点击窗口右侧的动态视图工具条下端的 🖾 面等值线。

4.3.3　箱形(Box)

生成足够大的箱形来建立岩土。

(1)在主菜单里选择"几何>标准几何体>箱形……"。

(2)在"角点坐标"里输入"-50,0,0"。

（3）在"长度（L_x）"里输入"100"。

（4）在"宽度（L_y）"里输入"150"。

（5）在"高度（L_z）"里输入"120"。

（6）确认是否指定为"GCS"。

（7）确认是否勾选"实体选项"。

（8）在"名称"里输入"岩土"。

（9）点击 预览按钮确认生成的箱形形状。

（10）点击"确认"。

通过在标准几何体里输入主要的形状参数，可以很便利地生成规则的实体及面组。利用标准几何体可以生成的形状有圆柱、圆锥、箱形、楔形、球、圆环，如图 4-21 所示。

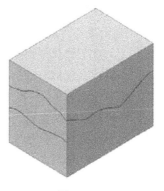

图 4-21

4.3.4 修剪（Trim）

在岩土实体里删除地表面的上部分。

（1）在主菜单里选择"几何> 实体>修剪……"。

（2）在工作目录树里选择"几何 >实体 >岩土"后，将其指定到"选择修剪实体"中。

（3）在工作目录树里选择"几何>曲面 >地表面"后，将其指定到"选择修剪曲面"中。

（4）在捕捉工具条里确认 捕捉顶点是否处于按下状态。

（5）参照图 4-22 用鼠标点击"A"点。

（6）在"选择参考点"里确认是否输入"−50,0,120"。

（7）点击 预览按钮确认是否正常执行了修剪操作。

（8）点击"确认"。

"修剪"功能是以副曲面为基准分割实体后，在指定的参考点方向上修剪实体，如图 4-22 所示。

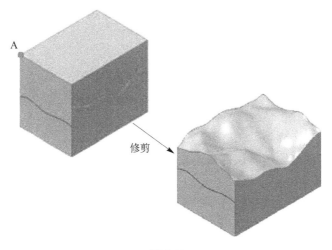

修剪

图 4-22

4.3.5　放样(Loft)

利用放样(Loft)生成地层形状。

(1)在工作目录树里选择"几何>实体>岩土"。

(2)点击鼠标右键调出关联菜单。

(3)选择显示"模式>线框"。

(4)在主菜单里选择"几何>生成几何体>放样……"。

(5)在选择工具条里将选择过滤指定为"线(E)"。

(6)在工作目录树里按顺序选择"几何>曲线 >B-Spline 1,B-Spline 2,B-Spline 3,B-Spline 4"后将其指定到"选择截面形状"中。

(7)取消勾选"实体和直线"。

(8)在"名称"里输入"地层"。

(9)点击 预览按钮"确认"是否正确执行了放样命令。

(10)点击"确认"键。

(11)在工作目录树里选择"几何>曲线"。

(12)点击鼠标右键调出关联菜单。

(13)选择"全部隐藏"。

放样是连续指定截面形状后根据选择的顺序生成比较圆滑的形状。此时如果勾选直线的话会用直线连接截面形状,如图 4-23 所示。

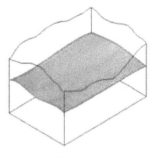

图 4-23

4.3.6　分割实体(Divide Solid)

利用生成的地层分割岩土。

(1)在主菜单里选择"几何> 实体>分割……"。

(2)按下"选择修剪实体"键状态下在工作目录树里选择"几何>实体 >岩土"。

(3)确认选择分割面是否指定为"选择分割曲面"。

(4)点击"选择辅助曲面"。

(5)在选择工具条里确认选择过滤是否指定为"面(F)"。

(6)在工作目录树里选择"几何>曲面>地层"后,将其指定到"选择辅助曲面"中。

(7)确认勾选了"删除原形状"。

(8)确认勾选了"删除分割用曲面"。

(9)点击 预览按钮确认是否正常分割了岩土形状后点击"确认"。

(10)在工作目录树里选择"几何>实体>岩土-D2"。

(11)点击鼠标的右键调出关联菜单。

(12)选择"显示模式>消隐带边线"。

分割实体是利用辅助曲面分割对象实体的功能,如图 4-24 所示。

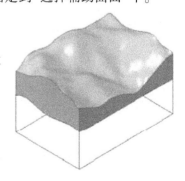

图 4-24

4.3.7 隧道(Tunnel)

生成隧道的截面形状。

(1)在视图工具条里选择 ⊞ 法向。

(2)在主菜单里选择"几何>曲线>在工作平面上建立>隧道(线组)……"。

(3)确认"隧道类型"是否指定为"三心圆"。

(4)确认"截面类型"是否指定为"全"。

(5)R1,R2,A1,A2 使用默认值。

(6)确认未勾选"非对称截面"。

(7)确认未勾选"包含锚杆"。

(8)在截面中心坐标里输入"0,30"。

(9)确认是否勾选"生成线组"。

(10)点击 ▣ 预览按钮查看生成的隧道截面形状。

(11)点击"确认"。

使用隧道功能时,如果利用 GTS 里提供的隧道建模样板,可以很便利的生成隧道截面形状,如图 4-25 所示。

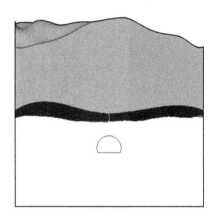

图 4-25

4.3.8 扩展(Extrude)

沿直线方向扩展隧道截面形状生成隧道的形状。

(1)在视图工具条里点击 ▧ 标准视图。

(2)在主菜单里选择"几何>生成几何体>扩展……"。

(3)在选择工具条里将"选择过滤"指定为"线组(W)"。

(4)在"选择扩展形状"键按下状态下在工作目录树里选择"几何>曲线>Tunnel Section"。

(5)点击"选择扩展方向"。

（6）在选择工具条里确认将"选择过滤"指定为"基准轴（A）"。

（7）在工作目录树里选择"基准>Y-Axis"将其指定到"选择扩展方向"中。

（8）在"长度"里输入"150"。

（9）勾选"实体"。

（10）在"Name"里输入"隧道形状"。

（11）点击 🖳 预览按钮查看突出的形状。

（12）点击 📷 按钮。

使用生成几何体功能可以利用下级形状（线、线组、面）生成上级形状（面、面组、实体）。

生成几何体里有沿直线的扩展、以基准轴为中心旋转的旋转扩展、连接若干截面形状的放样、根据导线扩展的扫描等功能，如图4-26所示。

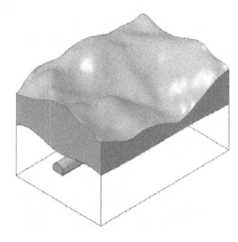

图 4-26

4.3.9 嵌入（Embed）

利用嵌入命令将3个实体生成为一个实体。

（1）在主菜单里选择"几何>实体>嵌入……"。

（2）"选择主对象"状态下在工作目录树里选择几何>实体>"岩土-D1"。

（3）在工作目录树里选择几何>实体>"隧道形状"后，将其指定到"选择辅助形状"中。

（4）确认是否勾选了"删除原形状"。

（5）点击 🖳 预览按钮确认是否正常执行了"嵌入"。

（6）点击"确认"。

嵌入是选择主形状和辅助形状之后，利用实体的交叉计算在主形状的内部插入辅助形状的功能。

除上述方法还可以利用分割实体功能。在分割实体里选择工具曲面的过程中，如果将选择过滤指定为面组选择隧道形状，那么就会只选中形状的边界面。利用隧道形状的边界面分割岩土实体可以得到同样的建模效果。但是在分割实体区域的时候是否考虑相邻的形状是分割实体和嵌入的主要差别。嵌入不能考虑相邻的形状,有关相邻形状的详细说明在后面的分割实体过程里进行详细介绍。

4.3.10 矩形

为进行施工阶段分析按施工阶段分割对象实体。首先利用矩形生成分割面,如图 4-27 所示。

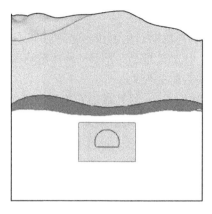

图 4-27

(1)在视图工具条里点击 ⊡ 正视图。

(2)在主菜单里选择"几何>曲线>在工作平面上建立>二维矩形(线组)……"。

(3)勾选"生成面"。

(4)在矩形对话框里确认是否为"输入一个角点"。

(5)确认"方法"是否指定为"坐标 x,y"。

(6)在"位置"里输入"-15,40"后按回车键。

(7)在矩形对话框里确认是否为"输入对角点"。

(8)确认"方法"是否指定为"相对距离 dx,dy"。

(9)在"位置"里输入"30,-20"后按回车键。

(10)点击"取消"。

4.3.11 复制(Translate)

将生成的分割面复制、移动到合适的位置。

(1)在视图工具条里点击 ⊡ 标准视图。

(2)在主菜单里选择"几何> 转换>移动复制……"。

(3)确认是否选中了"方向和距离"表单。

(4)按下"选择目标形状"键状态下在工作目录树里选择"几何> 曲面> Rectangle"。

(5)点击"选择"。

(6)在选择工具条里确认"选择过滤"是否指定为"基准轴(A)"。

(7)按下"选择方向"状态下在工作目录树里选择"基准>Y-Axis"。

（8）指定"等间距复制"。

（9）在"间距"里输入"30"。

（10）在"复制次数"里输入"4"。

（11）点击 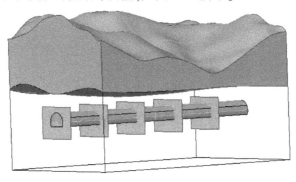... 预览按钮确认是否进行了正常的复制。

（12）点击"确认"。

（13）在工作目录树里选择在"几何>曲线"里注册的矩形里最上边的"Rectangle"。

（14）点击键盘的【Delete】键。

（15）在删除对话框里点击"确认"。

利用复制功能可以移动或者复制对象形状。此时选择不等间距复制时在间距里需要利用","分别输入移动距离。比如此模型在不等间距中输入"40,40,40,40"或者"4@40"进行移动复制，可以得到和上面一样的效果。

转换有平行移动对象形状的移动，旋转移动对象形状的旋转，对称移动对象形状的镜像，按一定比率缩放对象形状的调整大小，将对象形状投影到目标面上的投影，选择的对象移动到可与目标形状接触的粘贴等功能，如图4-28所示。

图 4-28

4.3.12　分割实体（Divide Solid）

利用分割实体功能按施工阶段分割对象实体。在此利用上一阶段已生成的分割面。

（1）在主菜单里选择"几何>实体>分割……"。

（2）按下"选择分割实体"状态下在工作目录树里选择"几何>实体>隧道形状"。

（3）确认"选择分割面"指定为"选择分割曲面"。

（4）点击"选择辅助曲面"。

（5）在选择工具条里确认"选择过滤"是否指定为"面（F）"。

（6）按下"选择辅助曲面"状态下在工作目录树里选择"几何>曲面"里的4个"Rectangle"。

（7）勾选"分割相邻实体的面"。

（8）"选择相邻的形状"状态下在工作目录树里选择"几何>实体>岩土－D1"。

（9）确认勾选"删除原形状"。

（10）确认勾选"删除分割用曲面"。

（11）点击 ... 预览按钮确认是否正常分割了岩土形状。

(12)点击"确认"。

两实体相邻的部分自动生成网格时,为了使相邻面上的节点耦合,GTS 会自动调节生成节点的位置及网格的形状,如图 4-29 和图 4-30 所示。

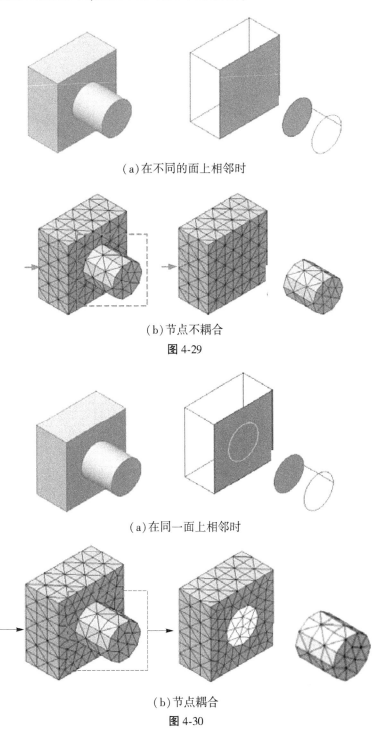

(a)在不同的面上相邻时

(b)节点不耦合

图 4-29

(a)在同一面上相邻时

(b)节点耦合

图 4-30

在分割施工阶段的过程中,像上述的模型一样需要分割与整个岩土相连的隧道形状实体。为使节点耦合,与隧道相连的岩土也要一起进行分割。在分割隧道形状实体时将岩土实体指定为相邻的形状,程序会自动保持两个实体在同一个面上相邻的状态下分割的节点耦合,如图4-31所示。

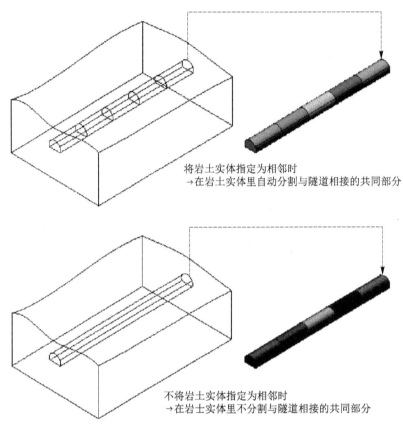

将岩土实体指定为相邻时
→在岩土实体里自动分割与隧道相接的共同部分

不将岩土实体指定为相邻时
→在岩土实体里不分割与隧道相接的共同部分

图 4-31

4.4　生成二维网格

4.4.1　打开 GTS 文件

打开要生成网格的几何形状。

（1）在主菜单里选择"文件>打开……"。

（2）打开"GTS 操作指南 4.mfb"文件。

（3）在动态视图工具条里点击 🔍 全部缩放。

（4）在工作目录树里展开曲线。

（5）在"曲线"里共有 41 个线。

（6）在不进行任何选择的状态下,在模型窗口的空白处点击鼠标右键调出关联菜单。

（7）选择 ⊞ 栅格。

（8）在不进行任何选择的状态下在模型窗口的空白处点击鼠标右键调出关联菜单。

（9）选择"关闭所有三角标"。

（10）在工作目录树的基准里点击鼠标右键调出关联菜单。

（11）选择"隐藏全部"。

上述模型共由 41 个线构成。为了和模型形状一起生成高质量的网格需要建立辅助线，如图 4-32 所示。

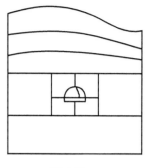

图 4-32

4.4.2　线网格尺寸控制（Edge Size Control）

首先生成如图 4-33 所示的矩形网格。在生成网格之前利用网格尺寸控制命令事先定义一下要生成网格的对象线的分割单元大小。

（1）参考图 4-33 里标记为矩形的部分，在模型窗口里通过拖动模型窗口选择隧道周边的线。

（2）在主菜单里选择"网格>网格尺寸控制>显示网格播种信息……"。

（3）确认选项是否指定为"显示网格种子"。

（4）点击"确认"。

（5）在主菜单里选择"网格>网格尺寸控制>线……"。

（6）按下"请选择线"键状态下参考图 4-33 在模型窗口里选择指定为 A 的线。

（7）将"播种方法"指定为"线形梯度(长度)"。

（8）在"Slen"里输入"3"。

（9）在"Elen"里输入"1.2"。

（10）点击 🖵 预览按钮确认是否正常指定了单元的大小。

（11）点击"确认"。

（12）在模型窗口里参考图 4-34 确认分割的单元。

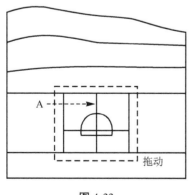

图 4-33

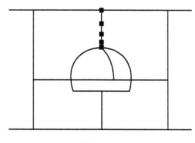

图 4-34

（13）在选择工具条里点击 🖽 显示选择线。

（14）在主菜单里选择"网格>网格尺寸控制>显示网格播种信息……"。

（15）将选项指定为"隐藏网格种子"。

（16）点击"确认"。

网格尺寸控制也叫播种，是指在对象形状上生成网格时事先指定的单元分割个数。为了在隧道的周边得到更精确的分析结果将单元大小指定为1.2 m。为了生成渐变式的单元大小，按照从1.2 m到3 m呈变化趋势定义了单元大小。通过网格尺寸控制指定的分割单元大小分别注册到工作目录树的网格>网格尺寸控制里。此网格尺寸控制值除非在工作目录树里删除，否则会应用到所有的生成网格过程中。

利用显示网格播种信息命令可以查看应用到对象形状上的网格尺寸信息。此时在对象形状上会用红色点显示生成节点的位置。而且利用选项指定隐藏网格种子在画面上就会不显示网格种子信息。

4.4.3　自动划分平面网格（Auto Mesh Planar Area）

利用自动划分网格命令生成隧道内部的网格。

（1）在主菜单里选择"网格>自动划分网格>平面……"。

（2）按下"请选择线"状态下参考图4-35矩形标记的部分拖动隧道的线。

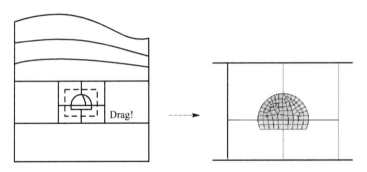

图4-35

（3）确认"网格划分方法"指定为"循环网格法"。

（4）确认"类型"指定为"四边形"。

（5）确认勾选"生成偏移单元"。

（6）确认未勾选"划分内部区域"。

（7）"网格尺寸"里的"单元尺寸"输入"1.2"。

（8）在"特性"里输入"1"。

（9）在"网格组"里输入"Tunne"。

（10）勾选"独立注册各面网格"。

（11）确认未勾选"生成高次单元"。

（12）确认勾选"合并节点"。

（13）点击"确认"。

如果利用平面自动划分网格命令程序会根据边界线所定义的平面自动生成网格。在自动生成二维网格的过程中可以使用的网格划分方法有循环网格法、栅格网格法、德劳内网格法。由于各网格划分方法生成的网格形状都有所不同,所以当生成不恰当的网格形状时,可更换网格划分方法后重新生成网格。在指定生成网格的单元类型时,使用网格类型。根据各网格划分方法可生成的单元类型是不同的。

生成偏移单元选项先在对象领域的边界上生成四边形网格,然后填充内部,所以它可以在边界处生成大小均匀质量较高的网格,这是它的优点。划分内部区域选项是在对象区域内部有其他区域定义时决定是否生成网格的选项。使用生成高次单元选项可生成高阶单元。独立注册各面网格是针对多个区域同时生成网格时将各网格分别注册到工作目录树。

合并节点是当已经存在的节点和生成的节点位于同一位置时将两个节点合并为一个节点。

自动划分平面网格命令根据选择的线的顺序不同生成的网格形状也有所不同,应加以注意。

4.4.4 K–线面映射网格(Map Mesh K-edge Area)

利用 K–线面映射网格命令生成隧道周边的网格。

(1)在主菜单里选择"网格>映射网格>K–线面……"。

(2)指定"手动映射"。

(3)按下"选择目标线 1"键状态下参考图 4-36 在模型窗口里选择线 T1,T2。

(4)点击"选择目标线 2"。

(5)按下"选择目标线 2"状态下参考图 4-36 在模型窗口里选择线 T3。

(6)点击"选择目标线 3"。

(7)按下"选择目标线 3"状态下参考图 4-36 在模型窗口里选择线 T4,T5。

(8)点击"选择目标线 4"。

(9)按下"选择目标线 4"状态下参考图 4-36 在模型窗口里选择线 T6。

(10)在特性里输入"1"。

(11)确认勾选"合并节点"。

(12)确认未勾选"生成高次单元"。

(13)点击"适用"。

(14)按下"选择目标线 1"状态下参考图 4-36 在模型窗口里选择线 T7,T8。

(15)点击"选择目标线 2"。

(16)按下"选择目标线 2"状态下参考图 4-36 在模型窗口里选择线 T6。

(17)点击"选择目标线 3"。

(18)按下"选择目标线 3"状态下参考图 4-36 在模型窗口里选择线 T10,T11。

(19)点击"选择目标线 4"。

(20)按下"选择目标线 4"状态下参考图 4-36 在模型窗口里选择线 T9。

(21)确认特性指定为"1"。

(22)确认勾选"合并节点"。

(23)确认未勾"选生成高次单元"。

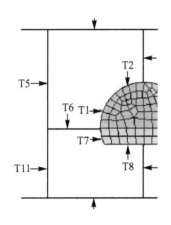 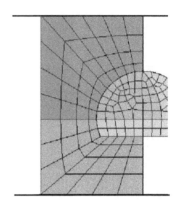

图 4-36

(24)点击"确认"。

利用 K-线面映射网格命令在通过边界线所定义的区域里自动生成映射网格。虽然简单的形状利用 K-线面映射网格命令的自动映射功能可以生成映射网格,但是复杂的形状一样需要指定 4 个线。

映射网格是按照如下的过程生成的。将要生成网格的对象领域的边界线组合成 4 个边之后,分别将各个组合映射到假想的矩形领域后,在矩形领域内生成网格,然后将假想领域内生成的网格再重新映射到实际领域中。

在生成映射网格的过程中程序有时会很难自动分离成 4 个线组。此时需要用户利用手动映射指定成 4 个线组,如图 4-37 所示。

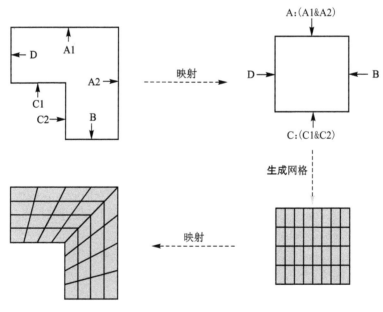

图 4-37

隧道的对面也重复步骤(1)到(24)的过程生成网格,如图 4-38 所示。

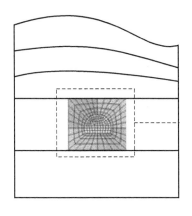
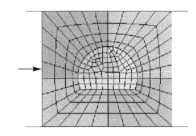

图 4-38

除中央部分外利用同样的方法生成网格。

(25)在主菜单里选择"网格>映射网格>K-线面……"。

(26)指定"自动映射"。

(27)参考图 4-39 拖放标记为矩形的部分选择构成 A 的
5 个线后,将其指定到"选择目标线"中。

(28)"网格尺寸"里用单元尺寸输入"4"。

(29)确认"特性"里是否输入"1"。

(30)确认勾选"合并节点"。

(31)确认未勾选"生成高次单元"。

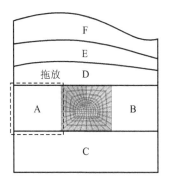

图 4-39

(32)点击"适用"。

(33)按下"选择线"状态下参考图 4-39 重复类似(26)的过程选择构成 B 的 5 个
E 线。

(34)重复步骤(27)到(31)的过程生成 B 部分的网格。

(35)按下"选择线"状态下参考图 4-39 选择构成 C 部分的 7 个线。

(36)重复步骤(27)到(31)的过程生成 C 部分的网格。

(37)按下"选择线"状态下参考图 4-39 选择构成 D 部分的 7 个线。

(38)重复步骤(27)到(31)的过程生成 D 部分的网格,此时在网格组的名称中输入
"地层 1"。

(39)按下"选择线"状态下参考图 4-39 选择构成 E 部分的 4 个线。

(40)重复步骤(27)到(31)的过程生成 E 部分的网格,此时将特性输入"2",在网格
组的名称中输入"地层 2"。

(41)按下"选择线"状态下参考图 4-39 选择构成 F 部分的 4 个线。

(42)重复步骤(27)到(31)的过程生成 F 部分的网格,此时将特性输入"3",在网格
组的名称中输入"地层 3"。

(43)点击"确认"。

形成的结果如图 4-40 所示。

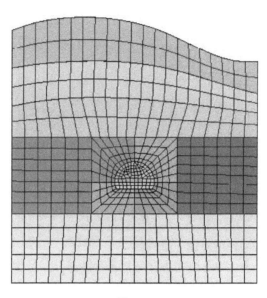

图 4-40

4.5 生成三维网格

4.5.1 打开 GTS 文件

运行 GTS 程序后打开模型文件。

(1)运行 GTS。

(2)在主菜单里选择"文件>打开……"。

(3)打开"操作指南 GTS 5_Start.mfb"文件。

(4)在工作目录树里展开"几何>实体"。共 19 个实体。

(5)在选择工具条里点击。

(6)在不进行任何选择的状态下,在模型窗口的空白处点击右键调出关联菜单。

(7)选择"显示模式>线框"。

(8)点击窗口右侧动态视图工具条下端的 🖼 面等值线。

(9)在不进行任何选择的状态下,在模型窗口的空白处点击右键调出关联菜单。

(10)选择 ⊞ 栅格。

(11)在不进行任何选择的状态下,在模型窗口的空白处点击右键调出关联菜单。

(12)选择"关闭所有三角标"。

(13)在工作目录树里点击"基准右键调出关联菜单"。

(14)选择"隐藏全部"。

上述打开的模型中共由 19 个实体构成。由于是模拟贯通岩层的隧道,所以为了定义施工阶段按照施工阶段分割了实体,如图 4-41 和图 4-42 所示。

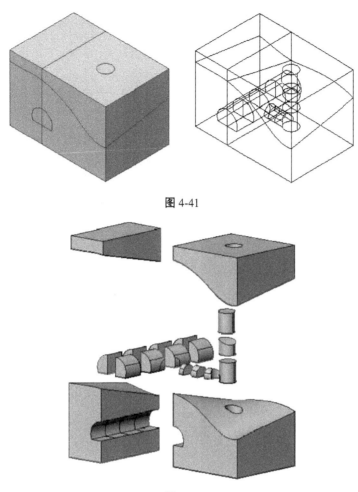

图 4-41

图 4-42

4.5.2　线网格尺寸控制（Edge Size Control）

与前面介绍的生成二维网格的方法比较类似,为了对重要的部分得到更精确的分析结果在线上事先指定网格大小。

（1）在视图工具条里点击 [图标] 正视图。

（2）在主菜单里选择"网格>网格尺寸控制>线……"。

（3）按下"选择线"键状态下,参考图 4-43 像拖动一样拖动模型窗口选择构成主隧道、连接通道、竖井的 291 个线。

（4）确认"播种方法"指定为"单元长度"。

（5）在"节点间隔"里输入"2"。

（6）点击 [图标] 预览按钮确认是否为正常分割的单元。

（7）点击"适用"。

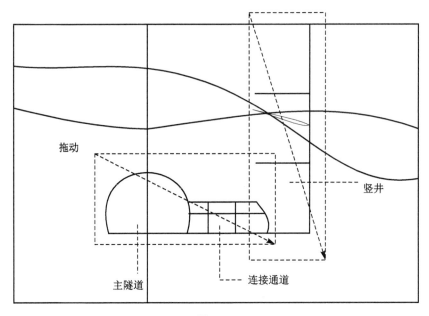

图 4-43

（8）在选择工具条里选择 多段线。

（9）参考图 4-44 在模型窗口里 Point 1 处点击鼠标右键。

（10）参考图 4-44 在模型窗口里 Point 2 处点击鼠标右键。

（11）确认"选择线"键里是否指定了 4 个线。

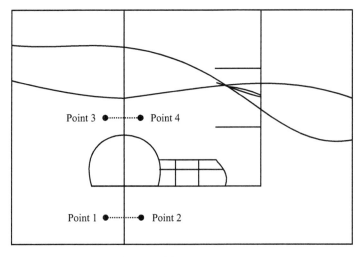

图 4-44

　　多段线选择是在模型窗口上画多义线，然后选择与多义线相交的形状。用鼠标左键每点击模型窗口上的任意一点就会按顺序生成多段线，如果点击键盘上的【ESC】按钮可以取消生成多段线。在生成的多段线的最后一点双击鼠标左键的话就会选中所有与画的多段线相交的形状。所以对于那些不该被多段线选中的对象应加以注意。如果有误选的时候,将选择模式转换为 □ 解除选择后重新点击一下错选的对象以取消选择。

（12）将"播种方法"转换成"线性梯度（长度）"。

（13）在"Slen"里输入"2"。

（14）在"Elen"里输入"4"。

（15）点击 □ 预览按钮确认是否正常分割了单元。

（16）点击"确认"。

（17）参考图 4-44 在模型窗口里 Point 3 处点击鼠标右键。

（18）参考图 4-44 在模型窗口里 Point 4 处点击鼠标右键。

（19）确认"选择线"键里是否指定了 4 个线。

（20）确认播种方法是否指定为"线性梯度（长度）"。

（21）在"Slen"里输入"4"。

（22）在"Elen"里输入"2"。

（23）点击 □ 预览按钮确认是否正常分割了单元。

（24）点击"确认"。

为得到更精确的分析结果,在隧道周边指定了更精密的分割尺寸,距离隧道比较远的地方指定相对稀疏的分割尺寸。可以用肉眼查看输入的种子信息。

（25）在选择工具条里点击 □ 显示选择所有的实体。

（26）在主菜单里选择"网格>网格尺寸控制>显示网格播种信息……"。

（27）将选项指定为"显示网格种子"。

（28）点击"确认"。

（29）在动态视图工具条里点击 □ 动态旋转通过旋转画面来观察单元的分割状况。

4.5.3　实体自动划分网格（Auto Mesh Solid）

利用自动生成实体网格的功能生成三维网格。

（1）在视图工具条里点击 □ 标准视图。

（2）在主菜单里选择"网格>自动划分网格>实体……"。

（3）按下"选择实体"键状态下,在选择工具条里通过点击显示"选择 19 个实体"。

（4）确认"网格尺寸"是否指定为"单元尺寸",将其值输入"4"。

（5）确认未勾选"自适应播种"。

（6）确认未勾选"手动分割"。

（7）在特性里输入"1"。

（8）确认勾选"合并节点"。

（9）确认"网格组"的名称指定为"自动网格化（实体）"。

（10）确认"网格组"指定为"添加"。

（11）勾选独立"注册各实体"。

（12）确认未勾选"生成高次单元"。

（13）确认勾选"耦合相邻面"。

（14）确认勾选"划分网格后隐藏对象实体"。

（15）点击"确认"。

（16）在工作目录树的网格里点击鼠标右键调出关联菜单。

（17）选择"隐藏节点"。

（18）在"工作目录树>网格>网格组"里确认在之前的阶段里生成的网格是否以组的形式进行了注册。

在实体自动划分网格对话框里所输入的网格大小只适用于没有应用指定了网格尺寸控制的线。所以在上一阶段里将网格大小指定为 2 m 的线按照 2 m 的大小生成网格，其他的部分按照 4 m 大小生成网格。

使用自适应网格选项时，当模型的曲率发生急剧变化时，网格单元无法准确模拟模型曲率的部分，此时程序会自动为生成精确的网格而播种。用户如果使用手动分割功能，可以通过利用鼠标的滑轮或者键盘的上/下按钮在模型窗口上动态地指定网格的分割个数。如果使用合并节点功能，在生成网格的过程中若在同一位置上生成节点，程序会自动将两节点合并成一个。

此模型被分割为若干个实体时各个实体是以面相邻的。此时必须使用耦合相邻面选项才能在相邻的两个实体的相邻面上节点耦合。使用独立注册各实体选项，程序会自动将网格实体按照组进行注册，如图 4-45 所示。

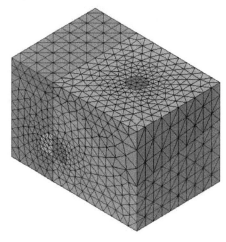

图 4-45

4.5.4 检查网格（Check Mesh）

利用检查网格命令查看在生成的网格上的自由面。

（1）在工作目录树的"网格>网格组"里点击鼠标右键调出关联菜单。

（2）选择"隐藏全部"。

（3）在主菜单里选择"网格>检查网格……"。

（4）取消勾选"自由边（红）"。

（5）勾选"自由面（橙）"。

（6）点击"适用"。

(7)在模型窗口里查看显示为橙色的自由面。

(8)在动态视图工具条里点击 ⊕ 动态旋转后,旋转画面可以查看在模型内部已不存在自由面。

(9)点击"取消"。

从视觉上虽然感觉实体的邻近面是一样的,但是如果临近面的形状不一致,那么程序生成网格时也无法自动保证节点耦合。所以像这样模型里有很多实体彼此相邻且必须节点耦合时,在生成网格后利用检查自由面来确认是否存在自由面。

4.5.5 管理网格组(Mesh Set Operation)

生成的网格将分别注册到工作目录树>网格组里。为了便于分析,用户需要将生成的网格组根据便利性捆绑成 1 个或者分离成 2 个以上来管理。

(1)在工作目录树的"网格>网格组"里点击鼠标右键调出关联菜单。

(2)选择"全部显示"。

(3)在"选择"工具条里将"选择过滤"指定为"网格(M)"。

(4)在工作目录树里"展开网格>网格组"。

(5)参考图 4-46 在模型窗口上选择指定为 A 的网格组。

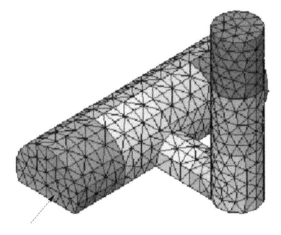

图 4-46

(6)在工作目录树里确认选中的网格组名称是否为"Auto-Mesh(Solid)13"。

(7)参考图 4-46 在模型窗口上选择指定为 B 的网格组。

(8)在工作目录树里确认选中的网格组名称是否为"Auto-Mesh(Solid)12"。

(9)在模型窗口的空白处点击鼠标右键调出关联菜单。

(10)选择"合并"。

(11)确认两个网格组是否合并为一个。

(12)重新选择合并后的网格组在工作目录树里确认名称是否为"Auto-Mesh(Solid)12"。

(13)在工作目录树里选择"网格>网格组>Auto-Mesh(Solid)12"后点击键盘上的 F2。

（14）删除"Auto-Mesh（Solid）"后输入"地层1"按回车键。

（15）参考图4-46对于标记为C,D的网格组也重复同样的操作生成网格组"地层2"。

如果将选择过滤设定为网格（M），可以以网格组为单位进行选择。在模型窗口里如果将鼠标光标靠近网格组，就会用绿色亮显网格组的边框。如果选中网格组边框会亮显为红色。利用合并功能可以将选中的网格组捆绑为一个网格组。

（16）在工作目录树里选择"网格>网格组>地层1"，"地层2"后点击鼠标右键调出关联菜单。

（17）选择"隐藏"。

（18）参考图4-47在模型窗口里选择指定为A的网格组。

（19）在工作目录树里确认选中的网格组名称是否为"Auto-Mesh（Solid）3"。

（20）在工作目录树里"Auto-Mesh（Solid）3"处点击鼠标右键调出关联菜单。

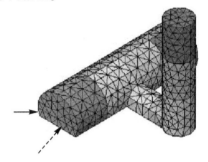

图4-47

即使选择同一形状但是根据位置的不同调出关联菜单也有所不同。控制网格组的命令只有在工作目录树里才能调出来。

（21）选择"网格组>项"的"添加和排除"。

（22）确认是否指定为"单元"，"添加"。

（23）在选择工具条里将"选择过滤"指定为"网格（M）"。

（24）按下"选择单元"键状态下参考图4-47在模型窗口里选择指定为B的网格组。

（25）确认勾选"从其他组删除"。

（26）确认勾选"操作完成后删除空组"。

（27）点击"确认"。

（28）在工作目录树里选择"Auto-Mesh（Solid）3"后点击键盘上的【F2】。

（29）删除"Auto-Mesh（Solid）3"输入"主隧道1"后按回车键。

经过上述过程可以将一些单元注册到相应的网格组中。此时只有勾选"从其他组删除"选项才能将对象单元从原网格组中删除，然后移动到新网格组里。如果不勾选此项一个单元会注册到若干个网格里，须加以注意。也可以直接利用鼠标选择对象网格组后拖动到其他网格组里。

（30）参考图4-48在模型窗口里选择指定为C和D的网格组，在工作目录树里确认名称是否为"Auto-Mesh（Solid）9"，"Auto-Mesh（Solid）4"。

（31）在工作目录树里选择"网格>网格组>Auto-Mesh（Solid）9"。

（32）用鼠标右键点击"Auto-Mesh（Solid）9"的状态下拖放到Auto-Mesh（Solid）4。

（33）确认"Auto-Mesh（Solid）9"是否归并为"Auto-

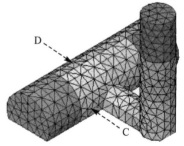

图4-48

Mesh(Solid) 4"子组。

（34）点击 撤销。

（35）在工作目录树里选择"网格>网格组>Auto-Mesh(Solid) 9"。

（36）用鼠标右键点击"Auto-Mesh(Solid) 9"的状态下拖放到"Auto-Mesh(Solid)

（37）确认"Auto-Mesh(Solid) 9"是否消失以及"Auto-Mesh(Solid) 9"的单元是否全部注册到"Auto-Mesh(Solid) 4"里。

将一个网格组分离成两个以上的网格组是通过生成新的网格组,然后在新的网格组里选择原有的单元后包含进去就可以了。

5   MIDAS 后处理

5.1   打开 GTS 文件

运行 GTS 程序打开简单的模型文件,如图 5-1 所示。

(1)运行 GTS。

(2)出现开始界面后在主菜单里选择"文件>打开……"。

(3)打开"操作指南 GTS 6.gtb"文件。

(4)在不进行任何选择的状态下,在模型窗口的空白处点击鼠标右键调出关联菜单。

(5)选择 ▦ 开关栅格。

(6)在不进行任何选择的状态下,在模型窗口的空白处点击鼠标右键调出关联菜单。

(7)选择"关闭所有三角标"。

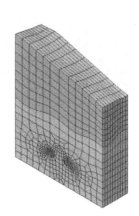

图 5-1

5.2   等值线(Contour)

一般的结果用等值线来表示,如图 5-2 所示。

(1)在工作目录树里选择"结果"表单。

(2)在工作目录树里双击"CS:Result>CS13-Last Step>Stress> LO-Solid"。

(3)在视图工具条里点击 🗗 前视图。

(4)在后处理模式工具条里将将 🔎 可视化指定为"基本"。

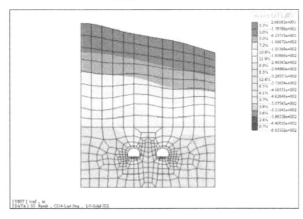

图 5-2

在后处理工作目录树中显示了所有 GTS 里可以查看的分析结果，只要双击相应的项就可以进入后处理阶段了。

并不显示网格的形状，只是画等值线区域的边界线，如图 5-3 所示。

（5）在特性窗口里选择"等值线"。

（6）将"等值线显示"设定为"True"。

（7）在"特性"窗口里点击 Apply 。

（8）在表单工具条里选择"后处理模式"表单。

（9）将 线类型设定为"属性线"。

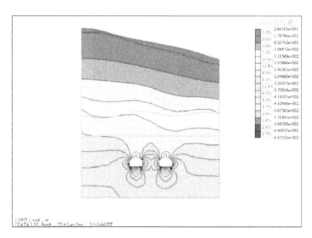

图 5-3

5.3 等值面（Iso Surface）

利用等值面（Iso Surface）功能分析结果。在此过程中将 Preview 指定为 True 后，通过输入数值来查看等值面，如图 5-4 所示。

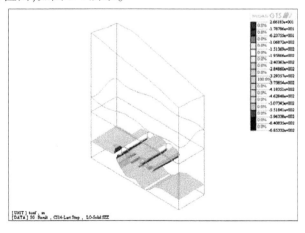

图 5-4

（1）在后处理模式工具条里将 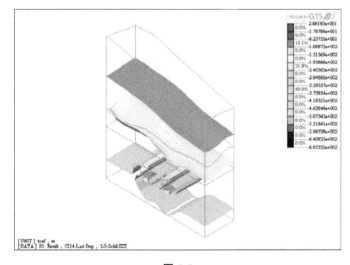 可视化指定为"等值面"。

（2）特性窗口自动指定为"等值面"。

（3）在视图工具条里点击 等轴测视图。

（4）确认"不表示的值"是否指定为"指定值外的值"。

（5）确认"预览"是否指定为"True"。

（6）确认"动态"是否指定为"False"。

（7）在"数值"里输入"−350"。

（8）在"特性"窗口里点击 适用 。

（9）在"模型"窗口里查看等值面形状。

（10）在"特性"窗口里点击"数值"的 添加 。

（11）在"特性"窗口里确认是否生成"Value 1"。

（12）在"Value"里输入"−200"。

（13）在"特性"窗口里点击 适用 。

（14）在"模型"窗口里查看等值面的形状。

（15）在"特性"窗口里点击"数值"的 添加 。

（16）在"特性"窗口里确认是否生成"Value 2"。

（17）在"Value"里输入"−100"后点击 适用 。

（18）在"模型"窗口里查看等值面形状。

（19）在"特性"窗口里点击"数值"的 添加 。

（20）在"特性"窗口里确认是否生成"Value 3"。

（21）在"特性"窗口里将"预览"指定为"False"。

（22）在"特性"窗口里点击 适用 。

形成的结果如图 5-5 所示。

图 5-5

5.4 剖断面(Slice Plane)

生成剖断面后查看剖断面的结果。

(1)在后处理模式工具条里将 ![icon] 可视化指定为"剖断面"。那么特性窗口会自动指定到"剖断面"。

(2)将"预览"指定为"True"。

(3)点击"用户定义平面"的 定义 。

(4)弹出"定义平面"对话框,如图5-6所示,在任意位置生成剖断面。

图 5-6

(5)将"模型"窗口里出现的模型在横竖交叉的灰色平面的任意位置上点击鼠标左键。

(6)在点击鼠标左键的状态下左右移动鼠标,灰色平面会跟随鼠标平行移动。

(7)将剖断面移动到想要的位置状态下在定义平面对话框里点击 显示 。

(8)在"模型"窗口里查看剖断面的等值线形状。

(9)将"模型"窗口里出现的模型在横竖交叉的箭头的头或尾点击鼠标左键。

(10)在点击鼠标左键的状态下左右移动鼠标,灰色平面会跟随鼠标左右移动。

(11)将剖断面移动到想要的位置状态下,在定义平面对话框里点击 显示 。

(12)在"模型"窗口里查看剖断面的等值线形状。

(13)在"定义平面"里确认"Global Axis"是否指定为"X 方向"。

(14)在"定义平面"对话框里"原点的X-方向"处输入"-14"。

(15)在"定义平面"对话框里点击 预览方向标志 。

(16)在"定义平面"对话框里点击 显示 。一起查看若干个剖断面,如图5-7所示。

(17)在"特性"窗口里的"名称"处输入"X-14"。

(18)点击"平面"的 添加 。

(19)在"特性"窗口里确认是否生成"X-14"。

(20)在"定义平面"对话框的原点的"14"处输入"X-方向"。

(21)在"定义平面"对话框里点击 适用 。

(22)在"定义平面"对话框里点击 显示 。

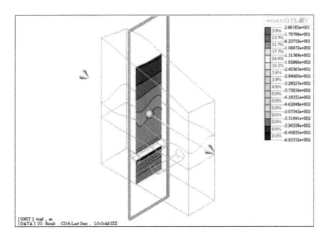

图 5-7

(23)在"特性"窗口里"名称"处输入"X 14"。

(24)点击"平面"的 | 添加 |。

(25)在"特性窗口"里确认是否生成"X 14"。

(26)在"定义平面"对话框里将"Global Axis"指定为"Z 方向"。

(27)在"定义平面"对话框里"原点的 Z-方向"处输入"0"。

(28)在"定义平面"对话框里点击 | 预览方向标志 |。

(29)在"定义平面"对话框里点击 | 显示 |。

(30)在"特性"窗口里"名称"处输入"Z 0"。

(31)点击"平面"的 | 添加 |。

(32)在"特性"窗口里确认是否生成"Z 0"

(33)关闭"定义平面"对话框。

(34)在"特性"窗口里将"预览"指定为"False"。

(35)在"特性"窗口里点击 | 适用 |。

形成的结果如图 5-8 所示。

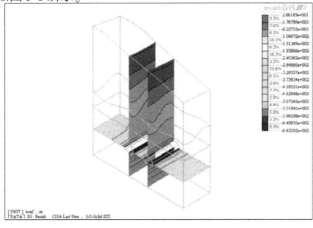

图 5-8

5.5 剖分面(Clipping Plane)

生成剖分面(Clipping Plane)直接查看剪切面里的结果。

(1)在后处理模式工具条里将 可视化指定为"剖分面",特性窗口会自动指定到"剪切面"。

(2)点击"用户定义平面"的 定义 。

(3)弹出"定义平面"对话框,如图 5-9 所示。在想要的位置生成剖断面。生成剖断面的方法与上一阶段的剖断面相同。

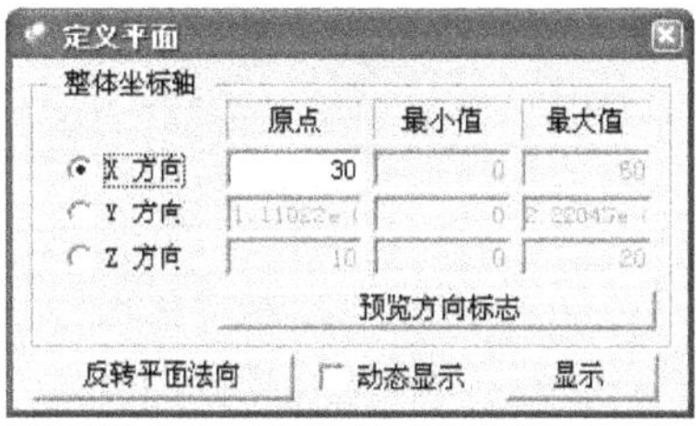

(4)在"定义平面"对话框里定义原点。

(5)在"定义平面"对话框里点击 预览方向标志 。

(6)在"定义平面"对话框里点击 显示 。

(7)在"定义平面"对话框里点击 反转平面法向 。

(8)在"定义平面"对话框里点击 预览方向标志 。

(9)在"定义平面"对话框里点击 显示 ,如图 5-10 所示。

图 5-9

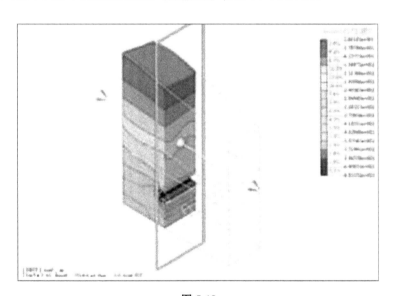

图 5-10

5.6 动画(Animation)

利用动画功能建立动画。

(1)在"特性"窗口里选择"等值线"。

(2)将"等值线显示"设定为"线性"。

(3)在"特性"窗口里点击。

（4）在表单工具条里选择后处理模式工具条。

（5）将 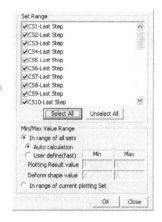 线类型设定为"网格线"。

（6）在后处理模式工具条里选择 动画。

（7）在后处理模式工具条里选择 多步动画后点击 。

（8）点击 全部选择 选择所有的施工阶段。

（9）将"最小/最大值范围"指定为"所有组的范围"。

（10）点击 确认 。

（11）在动画工具条里点击 生成动画。

（12）在动画工具条里点击 将生成的动画保存为 Avi 格式。

（13）在动画工具条里点击 结束动画，如图 5-11 所示。

图 5-11

5.7 提取结果（Extract Result）

在任意节点的位置提取结果。

（1）在主菜单里选择"结果>提取结果……"。

（2）确认"分析组"是否指定为"CS:Result"。

（3）将"步骤"指定为"CS13-Last Step"。

（4）将"数据"指定为"DZ"。

（5）在"步骤（3）数据"里勾选从"CS0"到"CS4"。

（6）将"顺序"指定为"步骤"。

（7）在"动态视图工具条"里点击 缩放窗口。

（8）拖动隧道的周边像图 5-12 一样扩大隧道，使其充满整个画面。

（9）点击右侧隧道尖端上的节点。在节点结果输出的用户定义的节点号码输入"307"。

（10）点击 Apply 。

（11）"提取结果"表单已激活。

（12）在"提取结果"对话框里点击 关闭 。

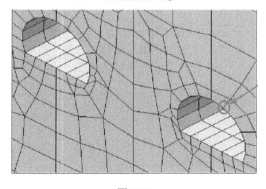

图 5-12

(13)参考图 5-13 选择结果数据后,点击鼠标右键调出关联菜单。

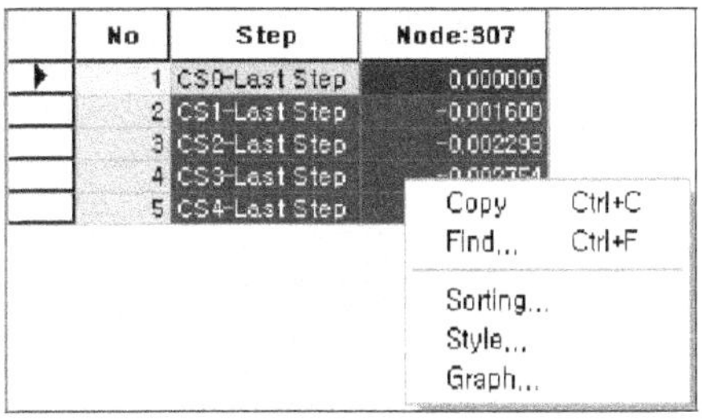

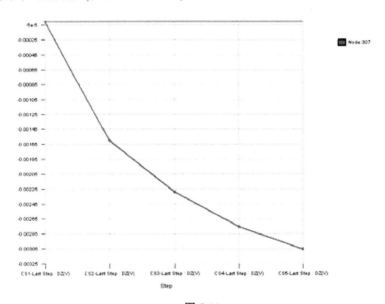

图 5-13

(14)选择"图表……"。

(15)在图表显示对话框里将图形类型指定为"Simple Line Plot"。

(16)在"x 轴标签,y 轴标签,图形标题"里输入适当的名称。

(17)点击 确认 ,如图 5-14 所示。

图 5-14

5.8 结果标记(Probe Result)

在模型窗口上显示任意节点或单元的结果。

(1)参考图 5-15 选择操作指南 GTS6:1 Window。

(2)在主菜单里选择"结果>结果标记……"。

(3)在"结果标记"对话框里指定"单元"。

(4)参考图 5-16 选择"模型窗口"里标记为 A 的单元。

(5)在结果标记对话框里确认号处是否指定为 321 号单元。

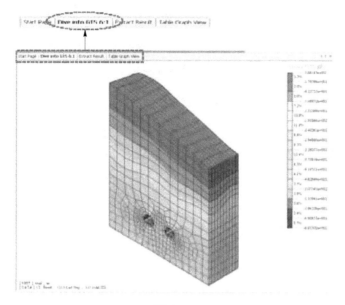

图 5-15

（6）参考图 5-16 选择"模型"窗口里标记为 B 的单元。

（7）在结果标记对话框里确认号处是否指定为 31 号单元。

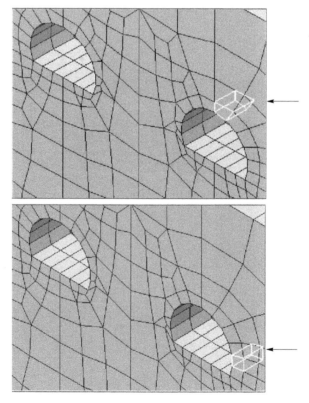

图 5-16

（8）在"结果标记"对话框里在 31 号单元数值的数字前面添加"Result 1 ："。

（9）点击 更新 。

（10）在"结果标记"对话框里点击 关闭 ，如图 5-17 和图 5-18 所示。

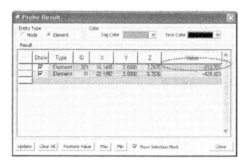

图 5-17

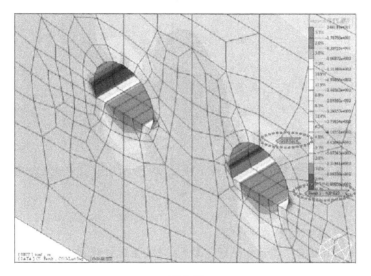

图 5-18

6 单桩桩身内力及轴向承载力计算

交通出版社《混凝土简支梁(板)桥》)$D = 1.2$ m,$E = 2.6 \times 10^7$ kPa。$L = 22.8$ m,$m = 5\,000$ kN/m^4,20 号混凝土桩顶内力 $N_0 = 1\,483.68$ kN,$H_0 = 47.01$ kN,$M_0 = 300.04$ kN·m。

6.1 理论计算

计算宽度 $b = 1.98$,按高度 1 m 设一个横向弹簧,$H = 1$ m。

弹簧系数计算:对任意一层土:地基系数 $C = m \times h$,这里 h 为当前土到地表的距离。

弹簧系数 $= b \times \dfrac{(C_{上} + C_{下})}{2} \times h_i$,$h_i$ 为当前土层厚度,$C_{上}$ 和 $C_{下}$ 为当前土层上、下表面地基系数。

模型按每 0.5 m 一个单元,弹簧则每 1 m 一个。

6.2 桩身内力

22.8 m,每 0.5 m 一个单元,总共 46 个单元,47 个节点。先在 Excel 中计算坐标。

结构类型: x-z 平面

材料: 20 号混凝土

截面: $D = 1.2$ m 圆形截面

首先建立材料和截面,由于是普通混凝土结构,所以要折减 0.67,如图 6-1 所示。

图 6-1 截面刚度系数

建立模型:46 个单元,注意旋转 90°,如图 6-2 所示。

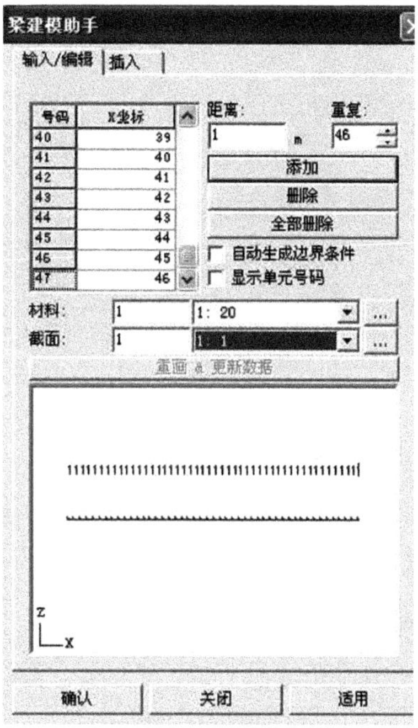

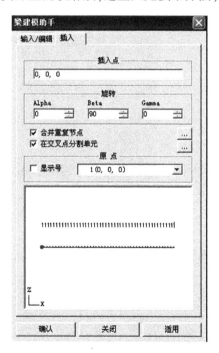

图 6-2 建立梁单元

这个建立单元的方法实际上比较麻烦,这里只是演示方法,如图 6-3 所示。

图 6-3 原点设置

然后全选→查询→节点详细表格,把 Excel 中计算的节点坐标复制进去,如图 6-4 所示。

F	节点	X(m)	Y(m)	Z(m)
	1	0.000000	0.000000	0.000000
	2	0.000000	0.000000	-0.500000
	3	0.000000	0.000000	-1.000000
	4	0.000000	0.000000	-1.500000
	5	0.000000	0.000000	-2.000000
	6	0.000000	0.000000	-2.500000
	7	0.000000	0.000000	-3.000000
	8	0.000000	0.000000	-3.500000
	9	0.000000	0.000000	-4.000000
	10	0.000000	0.000000	-4.500000
	11	0.000000	0.000000	-5.000000
	12	0.000000	0.000000	-5.500000
	13	0.000000	0.000000	-6.000000
	14	0.000000	0.000000	-6.500000
	15	0.000000	0.000000	-7.000000
	16	0.000000	0.000000	-7.500000
	17	0.000000	0.000000	-8.000000
	18	0.000000	0.000000	-8.500000
	19	0.000000	0.000000	-9.000000
	20	0.000000	0.000000	-9.500000
	21	0.000000	0.000000	-10.000000
	22	0.000000	0.000000	-10.500000
	23	0.000000	0.000000	-11.000000
	24	0.000000	0.000000	-11.500000
	25	0.000000	0.000000	-12.000000

图 6-4　节点详细信息

底部节点 z 方向位移约束,如图 6-5 所示。

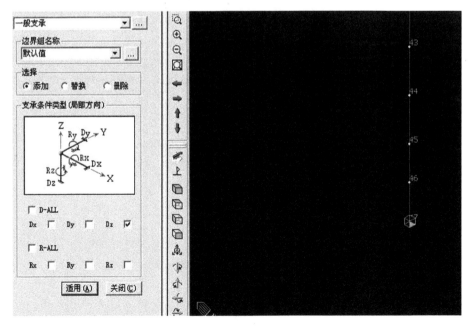

图 6-5　设置边界条件

选择所有偶数号的节点,加节点弹性支撑,如图 6-6 所示。

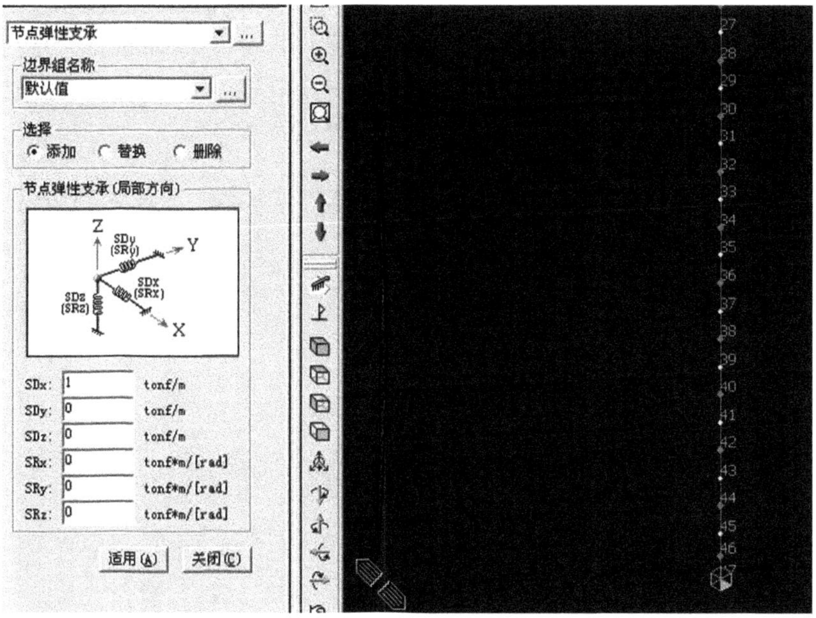

图 6-6 节点弹簧

全选→查询→节点详细表格,节点弹性支撑,然后把 Excel 里的弹簧系数复制进去,注意单位要正确,如图 6-7 所示。

F	节点	SDx (kN/m)	SDy (kN/m)	SDz (kN/m)	SRx (kN*m/[rad])	SRy (kN*m/[rad])	SRz (kN*m/[rad])
	2	4950.0000	0.0000	0.0000	0.00	0.00	0.0
	4	14850.0000	0.0000	0.0000	0.00	0.00	0.0
	6	24750.0000	0.0000	0.0000	0.00	0.00	0.0
	8	34650.0000	0.0000	0.0000	0.00	0.00	0.0
	10	44550.0000	0.0000	0.0000	0.00	0.00	0.0
	12	54450.0000	0.0000	0.0000	0.00	0.00	0.0
	14	64350.0000	0.0000	0.0000	0.00	0.00	0.0
	16	74250.0000	0.0000	0.0000	0.00	0.00	0.0
	18	84150.0000	0.0000	0.0000	0.00	0.00	0.0
	20	94050.0000	0.0000	0.0000	0.00	0.00	0.0
	22	103950.000	0.0000	0.0000	0.00	0.00	0.0
	24	113850.000	0.0000	0.0000	0.00	0.00	0.0
	26	123750.000	0.0000	0.0000	0.00	0.00	0.0
	28	133650.000	0.0000	0.0000	0.00	0.00	0.0
	30	143550.000	0.0000	0.0000	0.00	0.00	0.0
	32	153450.000	0.0000	0.0000	0.00	0.00	0.0
	34	163350.000	0.0000	0.0000	0.00	0.00	0.0
	36	173250.000	0.0000	0.0000	0.00	0.00	0.0
	38	183150.000	0.0000	0.0000	0.00	0.00	0.0
	40	193050.000	0.0000	0.0000	0.00	0.00	0.0
	42	202950.000	0.0000	0.0000	0.00	0.00	0.0
	44	212850.000	0.0000	0.0000	0.00	0.00	0.0
	46	177408.000	0.0000	0.0000	0.00	0.00	0.0
*							

图 6-7 节点刚度信息

加荷载,如图6-8所示。

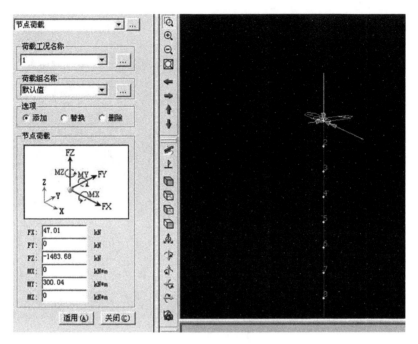

图6-8　施加节点荷载

加自重,注意应放在不同的工况中计算。

桩身弯矩值,如图6-9所示。

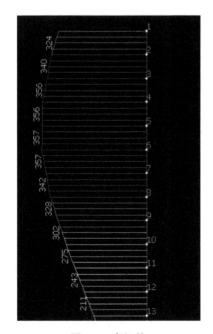

图6-9　弯矩值

最大弯矩发生在 $z=3$ m 左右, $M_y=357$ kN・m。书中查表计算 $z=2.26$ m, $M_y=359.75$ kN・m。

弹簧系数计算见表6-1。

表 6-1　　　　　　　　　弹簧系数计算表(计算密度=1.98 m)

项目	地基系数	土层号	每层高度	到地面距离	地基弹性系数		弹簧系数
	$m=$	$n=$	$h=$	$H=$	$C_上$	$C_下$	
	5 000	0	0	0			
	5 000	1	1	1	0	5 000	4 950
	5 000	2	1	2	5 000	10 000	14 850
	5 000	3	1	3	10 000	15 000	24 750
	5 000	4	1	4	15 000	20 000	34 650
	5 000	5	1	5	20 000	25 000	44 550
	5 000	6	1	6	25 000	30 000	54 450
	5 000	7	1	7	30 000	35 000	64 350
	5 000	8	1	8	35 000	40 000	74 250
	5 000	9	1	9	40 000	45 000	84 150
	5 000	10	1	10	45 000	50 000	94 050
计算宽度 =1.98	5 000	11	1	11	50 000	55 000	103 950
	5 000	12	1	12	55 000	60 000	113 850
	5 000	13	1	13	60 000	65 000	123 750
	5 000	14	1	14	65 000	70 000	133 650
	5 000	15	1	15	70 000	75 000	143 550
	5 000	16	1	16	75 000	80 000	153 450
	5 000	17	1	17	80 000	85 000	163 350
	5 000	18	1	18	85 000	90 000	173 250
	5 000	19	1	19	90 000	95 000	183 150
	5 000	20	1	20	95 000	100 000	193 050
	5 000	21	1	21	100 000	105 000	202 950
	5 000	22	1	22	105 000	110 000	212 850
	5 000	23	0.8	22.8	110 000	114 000	177 408

6.3　轴向承载力计算

理论计算:关键是摩阻力的模拟

U:周长 =3.93 m

T:桩侧摩阻力 =40 kPa

h_i:土层厚度 =1 m

P_r:桩尖土极限承载力 =312 kN

假设极限位移 0.006 m

桩尖土弹簧系数: $k=P_r/0.006=52\ 000$

每米土层桩侧摩阻力: $P=(U/2)×1×40=78.6$ kN

桩侧土弹簧系数：$k=P/0.006=13\ 100$

但是现在要用塑性杆模拟，杆件截面 $A=0.1\ \mathrm{m}^2$，$L=0.1\ \mathrm{m}$，所以弹性模量 $E=k=13\ 100$。

塑性屈服应力 $=P/A=786\ \mathrm{kN/m}^2$，如图 6-10 所示。

图 6-10　塑性材料数据

截面则用数值定义为 $A=0.1$ 即可。

材料参数，如图 6-11 所示。

图 6-11　材料参数

6.4 开始建立模型

选择所有偶数号的节点,节点复制如图 6-12 所示。

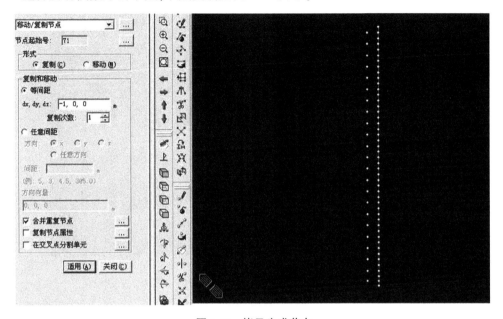

图 6-12 拷贝生成节点

选取新建节点,单元扩展如图 6-13 所示。

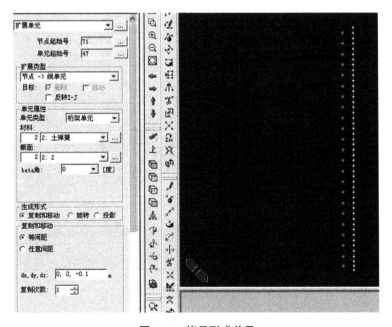

图 6-13 拷贝形成单元

约束所有杆件的 j 节点,选取新建节点,如图 6-14 所示。

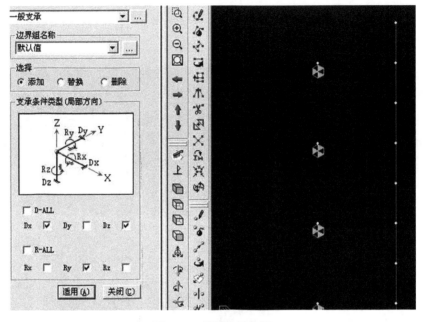

图 6-14 设置边界条件

桩尖弹簧设定:选取桩尖节点,先删除此处的 z 方向约束,然后加节点弹簧,如图 6-15 所示。

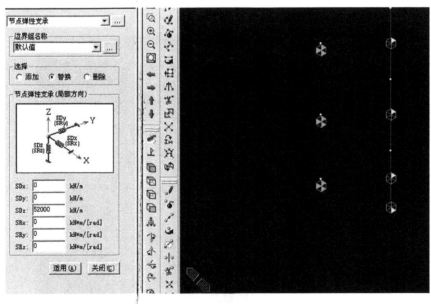

图 6-15 设置桩端弹簧

最后不要忘了把弹簧单元和相应的桩单元刚性连接,这是节点编号的规律,如图 6-16 所示。

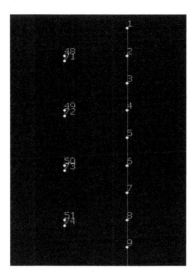

图 6-16　节点编号

在 Excel 中(见表 6-2),把选中的数据复制到 notepad,然后打开 mct 命令窗口,输入:
*rigidlink 然后复制,如图 6-17。

表 6-2　　　　　　　　　　　　　　　　节点数据

2	101010	48	2,101010,	48
4	101010	49	4,101010,	49
6	101010	50	6,101010,	50
8	101010	51	8,101010,	51
10	101010	52	10,101010,	52
12	101010	53	12,101010,	53
14	101010	54	14,101010,	54
16	101010	55	16,101010,	55
18	101010	56	18,101010,	56
20	101010	57	20,101010,	57
22	101010	58	22,101010,	58
24	101010	59	24,101010,	59
26	101010	60	26,101010,	60
28	101010	61	28,101010,	61
30	101010	62	30,101010,	62
32	101010	63	32,101010,	63
34	101010	64	34,101010,	64
36	101010	65	36,101010,	65
38	101010	66	38,101010,	66
40	101010	67	40,101010,	67
42	101010	68	42,101010,	68
44	101010	69	44,101010,	69
46	101010	70	46,101010,	70

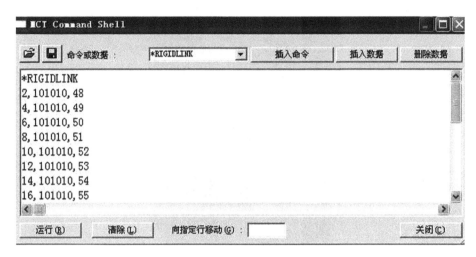

图 6-17　命令行

按运行,如图 6-18 所示。

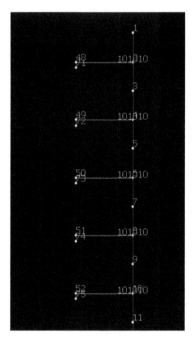

图 6-18　生成信息情况

6.5　设定非线性分析选项

zz 为自重工况,默认只有一个工况,这个目的是建立初始迭代状态,不是必须的,如图 6-19 所示。

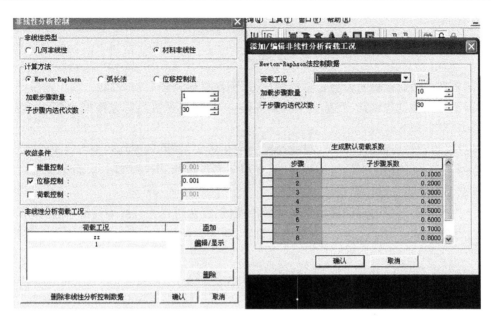

图 6-19 设定非线性分析选项

工况 1 就是前面的外力荷载了,分 10 步加载,点生成默认荷载系数,然后就开始运行。
节点反力如图 6-20 和图 6-21 所示。

图 6-20 节点反力(一)   图 6-21 节点反力(二)

注意到桩侧土 <78.6,桩尖 <312,所以满足承载力的要求,修改 $N = 3\,000$,明显桩侧土
都达到了极限,桩尖 $\gg 312$,所以不满足。

6.6　结论

　　如果想详细模拟轴向力与位移的变化,用塑性材料是必须的,才能比较正确模拟出桩受力到破坏的全过程位移,而且比本例子更进一步,桩尖弹簧最好也模拟为塑性杆尖(带强化)。

　　但是,不超过极限的情况下,桩侧摩阻力变化不大,如果只想判断是否满足承载极限,那么实际上无须使用太多的桩侧弹簧,而且也不必设定为塑性材料。从而大大节省计算时间,结果也能满足设计需要。

　　本例子中的桩身内力计算结果是比较准确的,完全可以代替查表计算,而且计算过程还是比较快速的。对于多排桩,群桩内力计算,更是方便快速,避免了手算中人为的错误。

7 接触问题解决方案

7.1 建立接触单元的方法

GTS 提供了多种建立接触单元的方法。要注意的是二维分析时只能使用二维接触单元,三维分析时只能使用三维接触单元,在文件>项目设置中,根据用户对二维和三维的选择,程序会自动对可选择的接触单元类型进行设置,如图 7-1 所示。

7.1.1 根据单元边界

在选择单元的边界上与其他单元有接触时,在两个单元间建立接触单元的命令。

在选择过滤窗口时,可供选择的有网格组和单元。

接触单元一般经常用于两个不同网格组之间的连接,所以选择过滤窗口时默认选择为网格组,如图 7-2 所示。

图 7-1 建立接触单元对话框

图 7-2 根据单元边界

7.1.2 手动输入节点号

直接输入节点号建立接触单元的方法。

边 1 和边 2 中的节点号数量必须相同。

二维时:每个边输入 2 个节点号时,将生成一阶的线接触单元;每个边输入 3 个节点号时,将生成二阶的线接触单元。

三维时:每个边输入 3 个节点号时,将生成一阶三角形面接触单元;每个边输入 4 个节点时,将生成一阶四边形面接触单元;每个边输入 6 个节点时,将生成二阶三角形面接触单元;每个边输入 8 个节点时,将生成二阶四边形面接触单元。

高阶单元的中间节点号输入顺序在输入角点号之后,如图 7-3 所示。

7.1.3　转换单元

将已建立的一维、二维、三维单元转换为接触单元的方法。

因为单元的节点顺序不是固定的,所以需要指定对应的节点中作为基准点的节点,如图 7-4 所示。

图 7-3　手动输入节点号　　　　　图 7-4　转换单元

7.1.4　选择端节点

利用选择的节点间的相关性,在相邻单元间建立接触单元的方法。

可以不使用"选择端节点"按键也能生成接触单元;但是当单元的布置形状比较特殊时,位相的需要,有时需要使用该键。

所谓单元的布置形状比较特殊的情况是指实体单元如图 7-5 时,即厚度方向仅分割有一个单元的情况。

 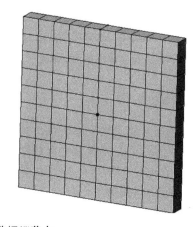

图 7-5　选择端节点

7.1.5 根据自由面

在规定的误差范围内的相对应的自由面、边上建立接触单元的方法。

修改了以前版本中两个单元的间距大于自由面、边的距离时,不能建立接触单元的问题,如图 7-6 所示。

7.1.6 根据平面

选择在单元之间建立的板、桁架、梁单元,在选择的单元两边与他们相连的单元之间建立接触单元的方法。

二维分析时,在桩单元、桁架单元的两端建立接触单元。

在此也可以有选择地使用"选择端节点"键,如图 7-7 所示。

图 7-6　根据自由面　　　　　　　图 7-7　根据平面

7.2　GTS 接触单元的理论分析

7.2.1　库伦摩擦模型

相同介质或不同介质之间的连接可使用接触单元(Interface Element)模拟,MIDAS 中的接触单元采用了库伦摩擦(Coulomb Friction)理论。假设应变 $\Delta\dot{\mathbf{u}}$ 由弹性应变 $\Delta\dot{\mathbf{u}}^e$ 和塑性应变 $\Delta\dot{\mathbf{u}}^p$ 组成,则有下面公式。

$$\Delta\dot{\mathbf{u}} = \Delta\dot{\mathbf{u}}^e + \Delta\dot{\mathbf{u}}^p \tag{7-1}$$

接口发生裂缝(Interface crack)前接触单元的应力定义如下:

$$\dot{\mathbf{t}} = \mathbf{D}^e \Delta\dot{\mathbf{u}}^e \tag{7-2}$$

式中　$\mathbf{D}^e$——弹性刚度矩阵。

库伦摩擦模型的破坏应力 f 和势函数 g 定义如下：

$$\begin{cases} f = \sqrt{t_t^2} + t_n \tan\phi(k) - \bar{c}(k) = 0 \\ g = \sqrt{t_t^2} + t_n \tan\varphi \end{cases} \tag{7-3}$$

式中 $\phi(k)$——内摩擦角函数；

$\bar{c}(k)$——黏聚力函数；

φ——剪胀角（Tilatancy Angle），剪胀角 φ 对于竖向应力是常数。

在式（7-1）中可将塑性应变 $\Delta\dot{\mathbf{u}}^p$ 定义为表示大小的塑性乘数和表示方向的成分的乘积。

$$\Delta\dot{\mathbf{u}}^p = \dot{\lambda}\frac{\partial g}{\partial \mathbf{t}} \tag{7-4}$$

将破坏函数 f 使用泰勒级数（Taylor series）展开表示如下：

$$\dot{f} = \frac{\partial f^T}{\partial \mathbf{t}}\dot{\mathbf{t}} + \frac{\partial f}{\partial k}\dot{k} = 0 \tag{7-5}$$

由式（7-5）可得

$$\dot{k} = -\frac{1}{\dfrac{\partial f}{\partial k}}\frac{\partial f^T}{\partial \mathbf{t}}\dot{\mathbf{t}} = -\frac{1}{h}\frac{\partial f^T}{\partial \mathbf{t}}\dot{\mathbf{t}} \tag{7-6}$$

内部参数增量 $\dot{k}$ 与塑性乘数的增量 $\dot{\lambda}$ 的关系如下：

$$\dot{k} = |\Delta\dot{\mathbf{u}}^p| = \dot{\lambda}\left|\frac{\partial g}{\partial \mathbf{t}}\right| = \dot{\lambda}\sqrt{\left(\frac{\partial g}{\partial \mathbf{t}}\right)^T \cdot \left(\frac{\partial g}{\partial \mathbf{t}}\right)} = \dot{\lambda}\sqrt{1+\tan^2\varphi} \approx \dot{\lambda} \quad \because \tan\varphi \ll 1 \tag{7-7}$$

由式（7-4）、（7-6）、（7-7）可得：

$$\Delta\dot{\mathbf{u}}^p = \dot{\lambda}\frac{\partial g}{\partial \mathbf{t}} = -\frac{1}{h}\frac{\partial f^T}{\partial \mathbf{t}}\dot{\mathbf{t}}\frac{\partial g}{\partial \mathbf{t}}$$

由式（7-2）得：

$$\Delta\dot{\mathbf{u}}^p = \dot{\lambda}\frac{\partial g}{\partial \mathbf{t}} = -\frac{1}{h}\frac{\partial f^T}{\partial \mathbf{t}}\mathbf{D}^e\Delta\dot{\mathbf{u}}^e\frac{\partial g}{\partial \mathbf{t}}$$

由式（7-1）得：

$$\Delta\dot{\mathbf{u}} = \Delta\dot{\mathbf{u}}^e + \Delta\dot{\mathbf{u}}^p = \Delta\dot{\mathbf{u}}^e - \frac{1}{h}\frac{\partial f^T}{\partial \mathbf{t}}\mathbf{D}^e\Delta\dot{\mathbf{u}}^e\frac{\partial g}{\partial \mathbf{t}} = \Delta\dot{\mathbf{u}}^e\left(1-\frac{1}{h}\frac{\partial f^T}{\partial \mathbf{t}}\mathbf{D}^e\frac{\partial g}{\partial \mathbf{t}}\right)$$

将式（7-1）代入式（7-2）计算的最终应力增量为

$$\dot{\mathbf{t}} = \mathbf{D}^e\{\Delta\dot{\mathbf{u}} - \Delta\dot{\mathbf{u}}^p\} = \mathbf{D}^e\left\{\Delta\dot{\mathbf{u}} - \dot{\lambda}\frac{\partial g}{\partial \mathbf{t}}\right\} = \mathbf{D}^e\left\{\Delta\dot{\mathbf{u}} + \frac{1}{h}\frac{\partial g}{\partial \mathbf{t}}\frac{\partial f^T}{\partial \mathbf{t}}\dot{\mathbf{t}}\right\}$$

$$= \mathbf{D}^e\left\{\Delta\dot{\mathbf{u}} + \frac{1}{h}\frac{\partial g}{\partial \mathbf{t}}\frac{\partial f^T}{\partial \mathbf{t}}\mathbf{D}^e\Delta\dot{\mathbf{u}}^e\right\} = \left\{\mathbf{D}^e + \mathbf{D}^e\frac{1}{h}\frac{\partial g}{\partial \mathbf{t}}\frac{\partial f^T}{\partial \mathbf{t}}\mathbf{D}^e\frac{\Delta\dot{\mathbf{u}}^e}{\Delta\dot{\mathbf{u}}}\right\}\Delta\dot{\mathbf{u}}$$

$$= \left\{\mathbf{D}^e + \frac{\mathbf{D}^e\dfrac{\partial g}{\partial \mathbf{t}}\dfrac{\partial f^T}{\partial \mathbf{t}}\mathbf{D}^e}{h - \dfrac{\partial f^T}{\partial \mathbf{t}}\mathbf{D}^e\dfrac{\partial g}{\partial \mathbf{t}}}\right\}\Delta\dot{\mathbf{u}} \tag{7-8}$$

且

$$\mathbf{D}^e = \begin{bmatrix} k_n & & 0 \\ & \cdots & \\ 0 & & k_t \end{bmatrix},$$

$$h = \frac{\partial f}{\partial \mathbf{t}} \frac{\partial \mathbf{t}}{\partial \Delta \mathbf{u}^p} \frac{\partial \Delta \mathbf{u}^p}{\partial k},$$

$$\frac{\partial g}{\partial \mathbf{t}} = \left\{ \tan\varphi \quad \frac{t_t}{|t_t|} \right\},$$

$$\frac{\partial f^q}{\partial \mathbf{t}} = \left\{ \tan\phi(k) \frac{t_t}{|t_t|} \right\}$$

将上面的式整理成如下公式：

$$\dot{\mathbf{t}} = \frac{1}{h + k_n \tan\phi \tan\varphi + k_t} \begin{bmatrix} k_n(h+k_t) & -k_n k_t \tan\varphi \dfrac{t_t}{|t_t|} \\ -k_n k_t \tan\phi(k) \dfrac{t_t}{|t_t|} & k_t(h+k_n \tan\phi \tan\varphi) \end{bmatrix} \Delta\dot{\mathbf{u}} \qquad (7\text{-}9)$$

当 $\phi \neq \varphi$ 时,式(7-9)为非对称矩阵,将发生非相关塑性流动;当 $\phi = \varphi$ 时式(7-9)为对称矩阵,将发生相关塑性流动。相关塑性流动分析时在与临界面垂直方向上将发生过大的开启现象,这与实际反应不符。非相关塑性流动分析时随着刚度矩阵的大小对内存的需求和分析过程将增加,将造成分析时间加大。特别是当 ϕ 和 φ 值相差较大时,即非相关性比较大的分析,将不容易收敛。在 MIDAS/GTS 中推荐使用 $\phi - \varphi \leq 20°$。

7.2.2　参数输入法

之前版本的接触单元有沿着法线和切线方向的位移,离散裂缝(Discrete Cracking)中法线方向的裂缝对切线方向的材料特性有影响,但是切线方向的位移对法线方向没有影响。改善的接触单元使用了库伦摩擦准则,考虑了法线和切线位移的相关性,如图 7-8 和图 7-9 所示。

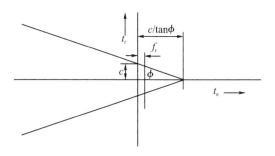

图 7-8　库伦摩擦准则

图 7-9　接触单元特性输入对话框

7.2.2.1　特性

下面介绍接触单元中需要输入的特性,见表 7-1。

表 7-1　　　　　　　　　　　　　接触单元特性值

项目	内容
法向刚度模量 K_n	接触面外垂直方向模量
剪切刚度模量 K_t	接触面内切线方向模量
内聚力 c	表示材料的内聚力
内摩擦角 ϕ	表示材料的内摩擦角
膨胀角 φ	表示材料的膨胀角
间隙值(Gap Value)	表示能承受的最大张拉应力

间隙值设定的是接触面可以承受的最大张拉应力,当接触面所受的张力超过设定的值时,接触单元将不能再承受张力。当不输入该值时,程序认为接触面可以持久地承受张拉应力(注:新的版本中将间隙翻译为最大张拉应力)。

ϕ 始终 $\phi>0$,且 $\varphi \leqslant \phi$。当 $\phi = \varphi$ 时,将使用相关流动法则。当 $|\phi-\varphi| \leqslant 20°$ 时收敛性比较好,当超过这个差值时,推荐在分析>一般分析控制对话框中选择非线性分析选项中的"刚度不变"选项。

7.2.2.2　Mode-Ⅱ模型

Mode-Ⅱ模型只有在定义了间隙值(Gap Value)时才发生作用。当没有定义间隙值时,即使定义了Mode-Ⅱ中的数据,接触单元也按前面定义的特性做弹塑性分析。Mode-Ⅱ是定义接触面切线方向的摩擦反应的功能见表7-2。

表7-2　　　　　　　　　　　　　Mode-Ⅱ模型的种类

模型	内容
脆性(Brittle)	产生裂缝后不能再抵抗剪力的模型
常量裂面剪力传递 (Constant Shear Retention)	表示接触面的剪切刚度按某值进行缩减的模型; 在刚度缩减中输入缩减后的剪切刚度
粒料连锁 (Aggregate Interlock)	接触面比较粗糙时,粒子间因为互相咬合,将产生摩擦和面膨胀效果

7.2.2.3　**多线性硬化**(Multi-linear Hardening)

表示多折线型的硬化模型,仅适用于接触面切线方向的剪切变形。库伦摩擦模型一般是两个参数的模型,需要定义黏聚力和内摩擦角。硬化模型是将黏聚力和内摩擦角定义为随着塑性应变逐渐加大,来模拟硬化现象的模型。点击定义多折线硬化,如图7-10所示。

MIDAS/GTS中提供了用于连接不同材料或刚度相差较大的材料的接触单元-Goodman单元。一般来说通过适当调整等参数(Isoparametric)单元的刚度也可以实现类似于接触单元的效果,但是接触单元是不必细分单元的细长的单元。

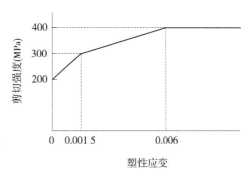

图7-10　多折线硬化

7.2.3　桩单元

GTS V200中的桩单元采用了嵌入式梁单元的形式,在建立桩单元时可以考虑与周边的连接。输入的截面特性与梁单元相同,下面介绍桩单元的接触特性的输入方法,如图7-11和表7-3所示。

图7-11

表 7-3　　　　　　　　　　　　　　　　输入特性值

项目	说明
最终剪力	限制了最大摩擦力
剪切刚度系数 K_t	面内切线方向刚度系数
函数	输入参考高度位置的摩擦力—相对位移曲线
法向刚度系数 K_n	面外垂直方向的刚度系数
参考高度	计算桩单元的摩擦力的参考位置
摩擦力—相对位移曲线的坡度	摩擦力—相对位移曲线随高度的变化率

　　用户输入的摩擦力—相对位移曲线为参考高度位置的曲线,程序将根据输入的坡度值获得不同深度位置的曲线,如果坡度值输入为 0,则所有深度上都将使用相同的摩擦力—相对位移曲线,如图 7-12 所示。

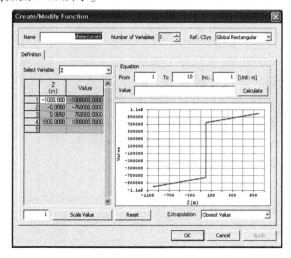

图 7-12

　　使用桩单元建立模型例子如下。桥墩建立在由 5 个土层构成的地基上,基础形式为桩基础。分析时只考虑了自重,没有考虑外部荷载,如图 7-13 所示。

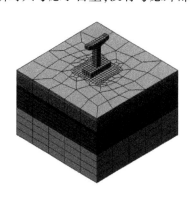

图 7-13

桩单元的摩擦力、相对位移都是按照局部坐标系输出。桩基础和周边地基的位移、桩的轴向摩擦力如下。可以看出桩对周边地基的影响较大,并可以确认桩与周边岩土的摩擦力分布状况,如图 7-14 所示。

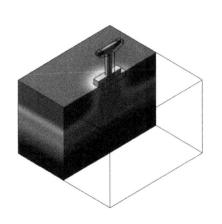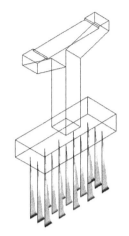

图 7-14

7.2.4　本构方程

实体单元和线单元的接触类型如图 7-15 所示。

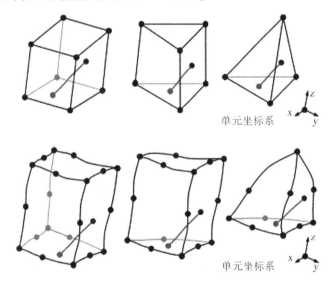

图 7-15　实体单元和线单元的接触类型

实体单元可以使用低阶和高阶单元,可以使用的实体单元类型如下:

(1)8 节点/20 节点六面体单元(Brick)。

(2)6 节点/15 节点五面体单元(Wedge)。

（3）4 节点/10 节点四面体单元（Tetra）。

可以使用的线单元如下：2 节点桁架单元，2 节点梁单元。

接触单元的整体坐标系如下：

$$\mathbf{X} = \{X_1 \quad X_2 \quad X_3\}$$

接触单元的单元坐标系可由整体坐标系转换如下：

$$\mathbf{x} = \{x_1(X_1^1, X_2^1, X_3^1) \quad x_2(X_1^2, X_2^2, X_3^2) \quad x_3(X_1^3, X_2^3, X_3^3)\} = \{X_1 \quad X_2 \quad X_3\}$$

整体坐标系的坐标轴表示如下：

$$\mathbf{X} = \mathbf{I}$$

单元坐标系可用直交行列式表示如下：

$$\mathbf{x} = \begin{bmatrix} X_1^1 & X_2^1 & X_3^1 \\ X_1^2 & X_2^2 & X_3^2 \\ X_1^3 & X_2^3 & X_3^3 \end{bmatrix}$$

使用单元坐标系描述节点坐标如下：

$$\mathbf{x} = \{x_1(x_1^1, x_2^1, x_3^1) \quad x_2(x_1^2, x_2^2, x_3^2) \quad x_3(x_1^3, x_2^3, x_3^3)\}$$

$$= \begin{bmatrix} X_1^1 & X_2^1 & X_3^1 \\ X_1^2 & X_2^2 & X_3^2 \\ X_1^3 & X_2^3 & X_3^3 \end{bmatrix} \{x_1(X_1^1, X_2^1, X_3^1) \quad x_2(X_1^2, X_2^2, X_3^2) \quad x_3(X_1^3, X_2^3, X_3^3)\}^T$$

二次形函数的形状（见图 7-16）和公式如下：

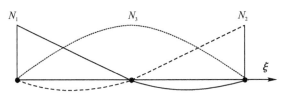

图 7-16　二次形函数的形状

$$N_1 = \frac{1}{2}(1-\xi) - \frac{1}{2}(1-\xi^2), \quad N_2 = \frac{1}{2}(1+\xi) - \frac{1}{2}(1-\xi^2), \quad N_3 = (1-\xi^2)$$

将高斯积分点位置上的形函数用 N_k^l 表示时，k 是节点号，l 是积分点号。如果有两个积分点，则 $l = 1, 2$。节点的坐标 a_i^k 可以使用节点号 k 和自由度号 i 表示。实体单元每个节点有 3 个位移自由度。

$$\mathbf{a}^l = \left\{ \sum_{k=1}^{3} a_1^k N_k^l, \quad \sum_{k=1}^{3} a_2^k N_k^l, \quad \sum_{k=1}^{3} a_3^k N_k^l \right\}$$

$\mathbf{a}^l$ 是线单元的高斯积分点在单元坐标系上的坐标。因为已知线单元的积分点在实体单元的等参坐标系上的坐标，所以可以使用实体单元的节点坐标表现线单元的积分点坐标系，如图 7-17 所示。

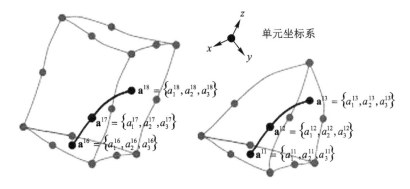

图 7-17　积分点坐标系

等参坐标系的坐标如下：

$$\boldsymbol{\alpha}^l = \{\xi^l, \eta^l, \zeta^l\}$$

假设基本单元为 15 个节点的五面体单元，则形函数可用 $^{15}N_k^l$ 描述。

在此，k 是形函数的数，l 是积分点的数。15 节点五面体上穿越了 3 个节点的桩时，则相对位移-位移矩阵如下：

$$\mathbf{B}^l = \begin{bmatrix} -^{15}N_1^l & 0 & 0 & \cdots & -^{15}N_{15}^l & 0 & 0 & N_1^l & 0 & 0 & \cdots & N_3^l & 0 & 0 \\ 0 & -^{15}N_1^l & 0 & \cdots & 0 & -^{15}N_{15}^l & 0 & 0 & N_1^l & 0 & \cdots & 0 & N_3^l & 0 \\ 0 & 0 & -^{15}N_1^l & \cdots & 0 & 0 & -^{15}N_{15}^l & 0 & 0 & N_1^l & \cdots & 0 & 0 & N_3^l \end{bmatrix}$$

10 节点四面体上穿越了 3 个节点的桩时，则相对位移-位移矩阵如下：

$$\mathbf{B}^l = \begin{bmatrix} -^{10}N_1^l & 0 & 0 & \cdots & -^{10}N_{10}^l & 0 & 0 & N_1^l & 0 & 0 & \cdots & N_3^l & 0 & 0 \\ 0 & -^{10}N_1^l & 0 & \cdots & 0 & -^{10}N_{10}^l & 0 & 0 & N_1^l & 0 & \cdots & 0 & N_3^l & 0 \\ 0 & 0 & -^{10}N_1^l & \cdots & 0 & 0 & -^{10}N_{10}^l & 0 & 0 & N_1^l & \cdots & 0 & 0 & N_3^l \end{bmatrix}$$

实体-梁接触单元的刚度矩阵如下：

$$\mathbf{K}_t = \sum_{l=1}^{np} \mathbf{B}^{l\,T} \mathbf{T} \, \mathbf{B}^l W_l \det \mathbf{J}_l$$

式中　$\mathbf{K}_t$——刚度；

$\quad\quad\mathbf{W}_l$——重量；

$\quad\quad\mathbf{T}$——相对位移-摩擦力关系矩阵。

实体-梁接触单元中使用的材料本构有线弹性（Linear Elastic）和非线性弹性（Nonlinear Elastic）两种类型，相对位移-摩擦力的关系矩阵如下：

$$\mathbf{D} = \begin{bmatrix} k_n & 0 & 0 \\ 0 & k_s & 0 \\ 0 & 0 & k_s \end{bmatrix}$$

三维结构的本构方程由一个方向的法向应力和两个方向的切向应力组成：

$$\begin{Bmatrix} \Delta\sigma \\ \Delta\tau \\ \Delta\tau \end{Bmatrix} = \mathbf{D} \begin{Bmatrix} \Delta\varepsilon \\ \Delta\gamma \\ \Delta\gamma \end{Bmatrix}$$

非线性弹性的本构方程由图 7-18 获得。

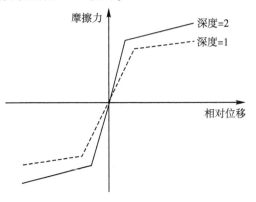

图 7-18　非线性弹性的本构方程图

用户定义了在参考深度上的曲线和随深度变化的摩擦力的变化率后,程序会计算实体-梁接触单元的计算摩擦力的积分点的位置,然后使用摩擦力的变化率,自动调整随深度变化的曲线,并反映到内力计算和刚度计算中。

7.2.5　设置接触单元时需要注意的问题

7.2.5.1　根据单元边界设置

这个命令主要是针对于实体单元(三维)、平面应变单元(二维),作用是:在与选择的单元或网格相连的其他网格或单元之间建立接触,选择的网格之间的连接不建立接触单元。需要注意的是如果有 3 个网格在同一位置相连的话,那节点断开的规则是:选择的那个网格节点不发生变化,其他两个网格在接触的位置重新产生节点号(这两个网格在连接位置是耦合的),如图 7-19 所示。

图 7-19　单元边界设置

7.2.5.2 接触特性的设置

接触特性对话框如图 7-20 所示。

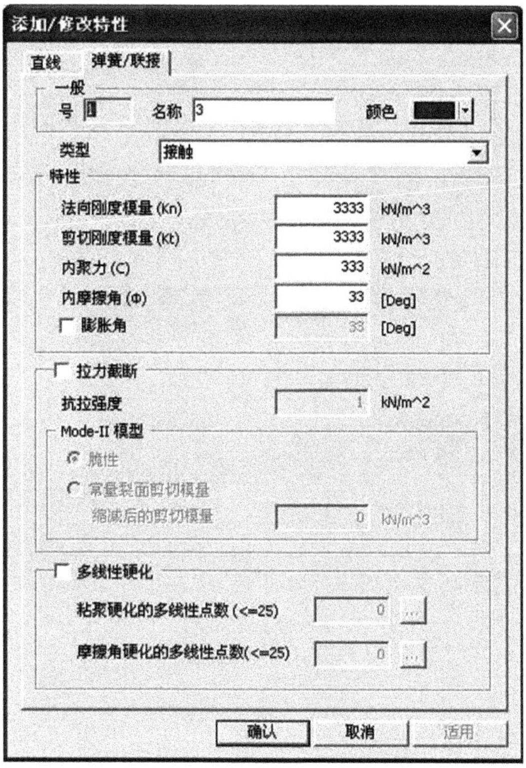

图 7-20　接触特性的设置

在 GTS 中接触单元采用的是没有厚度(如果选择转换单元方式的话,也可以有厚度),无质量的古德曼单元(可以查看相关的理论),单元属性默认的是采用莫尔-库伦接触(实质和莫尔-库伦准则一样)。所以在建模理解的时候,可以将接触单元理解成为一个实体(或面单元),而这个单元的应力应变特点和莫尔-库伦是一样的,符合下面规律:在法向和切向的应力应变关系是不一样的(对于接触单元来说,往往法向刚度大,切向刚度小),当各个方向应力按照莫尔-库伦准则达到 C、Φ 所定义的强度准则的时候,应力不会增大,应变根据和周围单元的协调关系继续改变。如果我们在建立接触的时候认为接触单元不会出现破坏,尽量把 C、Φ 调整得比较大,这样使在任何应力状态下,应力应变关系按照法向刚度模量和切向刚度模量来实现。具体的理论可以查看手册。

从原理上看,GTS 提供的接触特性相对于其他软件的接触特性还是比较全的。

7.2.5.3 关于三维建模中的线单元和实体或者面单元的接触问题

在 GTS 中,2000 版本提供了桩单元,可以设置梁单元和实体单元之间的接触问题而且可以设置桁架单元和实体之间的接触问题,可以模拟隧道中的锚杆的接触问题。

8 土工格栅分析实例

土质边坡或者是墙后回填土一般采用加筋土工格珊的形式来增加边坡稳定,效果较好,但是计算理论稍有欠缺,MIDAS 软件提供了一种加筋土工格珊的分析计算方式,如图 8-1 所示计算模型,可以采用 MIDAS 计算分析模块进行分析。

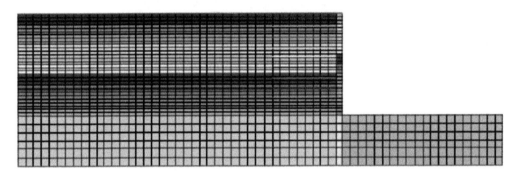

图 8-1

8.1 计算边界条件

(1)平面土工格栅分析。

(2)模型。

  单位:kN·m

  材料:土体(M-C、平面应变)

     面板(弹性、平面应变)

  土工格栅:弹性、结构单元

  特性:接触、刚性连接

(3)荷载和边界条件。

  周围约束、自重。

8.2 项目设置

项目设置如图 8-2 所示。

(1)"文件>项目设置"。

(2)"项目名称"中填写"二维边坡计算"。

(3)选择"2D"。

(4)点击"..."。

(5)内力:kN。

(6)点击"确认"。

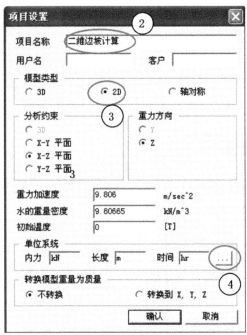

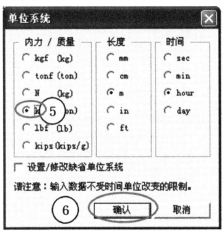

图 8-2 项目设置

8.3 建立模型

模型建立如图 8-3 所示。

(1)"几何>曲线>在工作平面上建立>二维多线段(线组)"。

(2)在"位置"一栏输入"0,0",然后回车。

(3)依次在"位置"一栏输入"0,0"、"0,9"、"20,9"、"20.35,9"、"20.35,3"、"30.35,3"、"30.35,0"、"0,0"。

(4)点击"适用"。

(5)"几何>曲线>在工作平面上建立>二维直线"。

(6)在"位置"一栏输入"20,8.8",然后回车,再输入"-4,0",回车。

(7)重复步骤(2),输入"20,9"与"0,-9"、"20.35,3"与"0,-3"、"20.35,3"与"20.35,0"、"16,9"与"0,9"。

(8)点击"取消"。

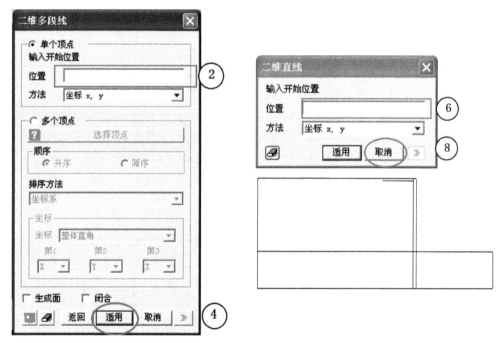

图 8-3 模型建立

8.4 网格划分

网格划分划分如图 8-4 所示。

(1)"几何>曲线>交叉分割"。

(2)在"选择对象形状"中选择线 AB。

(3)在"选择方向"中选择"Z 轴"。

(4)点选"等间距复制"。

(5)在"间距"中输入"-0.6",在"复制次数"中选择"9"。

(6)点击"确认"。

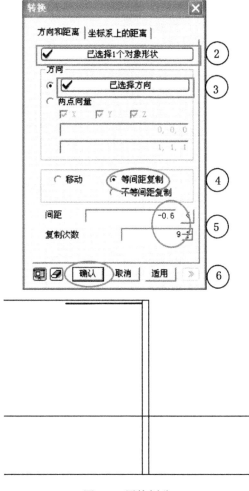

图 8-4　网格划分

8.5　单元划分

单元划分如图 8-5 所示。

（1）"视图>缩放>全部，全屏显示"。

（2）"几何>曲线>交叉分割"。

（3）按键盘上【Ctrl】+【A】，选择"全部几何线"。

（4）点击"适用"。

（5）"几何>形状颜色"。

（6）按键盘上【Ctrl】+【A】，选择"全部几何线"。

（7）确认为"随机颜色"。

（8）点击"确认"。

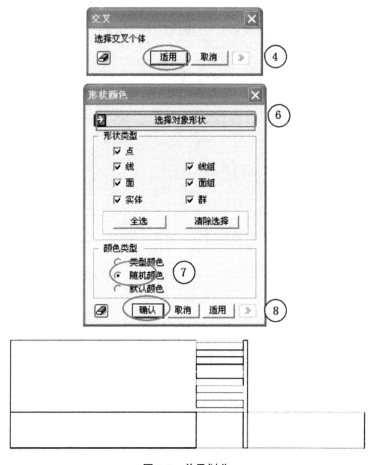

图 8-5　单元划分

8.6　属性添加

属性添加如图 8-6 所示。

（1）"模型>特性>属性"。

（2）在"添加"一栏选择"平面"。

（3）在"名称"一栏中输入"填土"。

（4）在"单元类型"一栏中选择"平面应变"。

（5）点击"添加"。

（6）如图 8-6 填写材料参数。

（7）点击"确定"。

（8）点击"确定"。

（9）点击"关闭"。

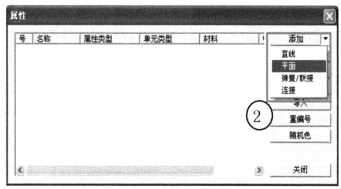

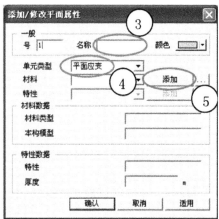

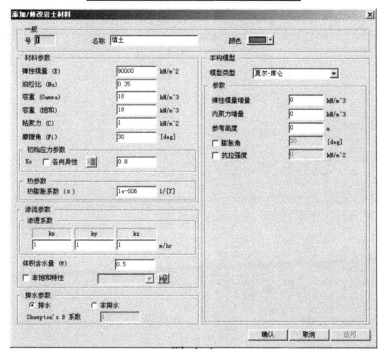

图 8-6 属性添加

8.7 材料及参数设置

生成岩体和面板,其材料本构和参数如图 8-7 所示。

图 8-7 材料本构和参数设置

8.8　材料名称及属性赋值

(1)"模型>特性>属性"。

(2)在"添加"一栏选择"直线"。

(3)在"名称"一栏中输入"土工格栅"(10)。

(4)在"单元类型"一栏中选择"土工格栅"。

(5)点击"添加"。

(6)如图8-8填写材料参数。

(7)点击"添加"。

(8)如图8-8填写特性参数。

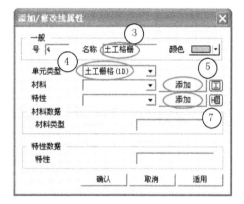

图8-8　材料名称及属性赋值示意

8.9 增加弹簧

（1）"模型>特性>属性"。

（2）在"添加"一栏选择"弹簧/联接"。

（3）在"名称"一栏中输入"土工格栅接触"。

（4）在"单元类型"一栏中选择"接触(二维)"。

（5）点击"添加"。

（6）如图8-9填写材料参数。

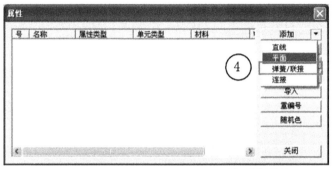

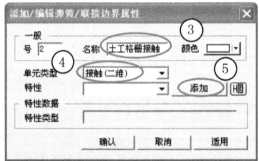

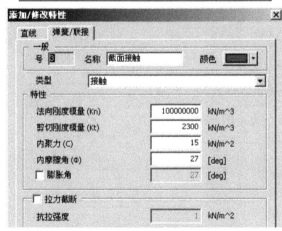

图 8-9 材料参数示意

8.10　单元划分

（1）"网格>映射网格>k–线面"。

（2）在工作界面上选择如图 8-10 所示 A、B、C、D 线。

（3）在"网格尺寸"一栏输入"0.2"。

（4）在"属性"中选择"1：填土"。

（5）在"网格组"中填写"填土"。

（6）点击"确定"。

（7）同上，选择合适的尺寸分别生成网格。

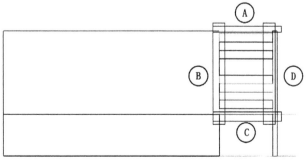

图 8-10

8.11 析取单元

(1)"模型>单元>析取单元"。

(2)点选"从节点析取",类型选为"自由线的1D单元"。

(3)选择如图8-11红框内的节点。

(4)选择图8-11的单元。

(5)在属性里选择"2:土工格栅"。

(6)网格组名称改为"土工格栅1"。

(7)同理生成"土工格栅2"~"土工格栅10"。

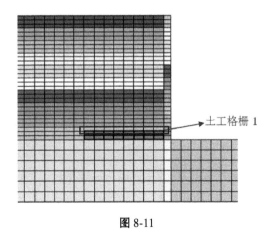

图 8-11

8.12　建立网格组

(1)"网格>网格组>建立"。

(2)在"名称"处输入"填土层"。

(3)确认"起始后缀号"为"1"。

(4)在"网格数量"处输入"10"。

(5)点击"确定"。

(6)同样按(1)~(5)步生成面板 001-面板 010。

(7)在"工作目录树>前处理>网格组"中右击"填土层 001",选择"网格组>包括/排除网格组",得到图 8-12 对话框。

图 8-12

8.13　选择有用的网格组

(1)"包括/排除网格组"项。

(2)点选"单元"。

(3)点选"包括"。

(4)如图 8-13 选择单元"深色部分"。

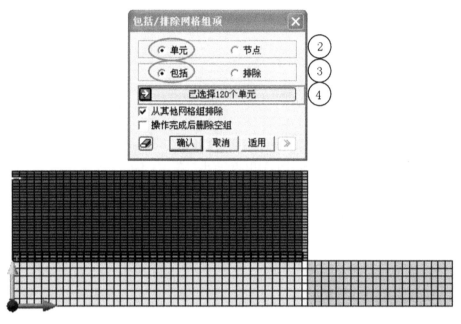

图 8-13

8.14 生成网格组

(1)同理生成各个网格组,名称如图 8-14 所示。

(2)"工作目录树>模型>网格",单击土工格栅。

(3)按【F2】键,将土工格栅改为土工格栅 1。

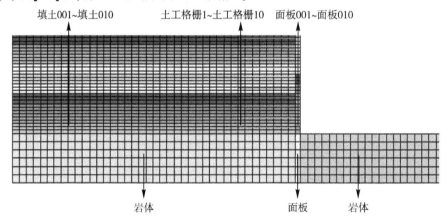

图 8-14

8.15　创建界面单元

创建界面单元如图 8-15 所示。

(1)"模型>单元>接触"。

(2)在"方法"里面选择"根据桁架/梁"。

(3)在"工作目录树>模型>网格"里选择单元"土工格栅 1"。

(4)在"属性"处选择"5：土工格栅接触"。

(5)"网格组"处输入"接触单元 1"。

(6)单击"适用"。

(7)同理依次生成"接触单元 2"~"接触单元 10"。

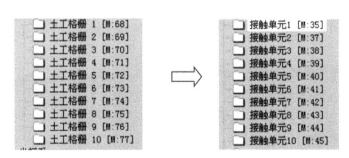

图 8-15　创建界面单元示意

8.16 设置边界条件

设置边界条件如图 8-16 所示。

(1)"模型>边界>支撑"。

(2)在"边界组"一栏中输入"支撑"。

(3)选择左右侧边界上 A 框范围内所有节点。

(4)在"DOF"中勾选"UX"。

(5)点击"适用"。

(6)重复第(3)~(4)步骤,选择下边界 B 上所有的节点,在 DOF 中勾选"UX"和"UY"。

(7)点击"确认"。

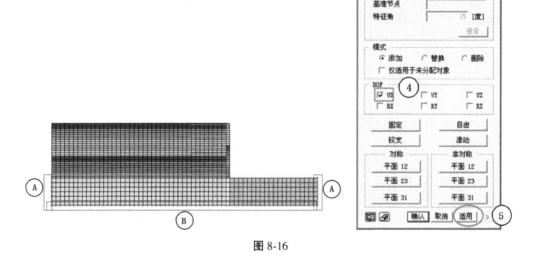

图 8-16

8.17 设置 UX 支撑

设置 UX 支撑如图 8-17 所示。

(1)"模型>边界>支撑"。

(2)在"边界组"一栏中输入"支撑 1"。

(3)选择左侧边界上 A 框范围内所有节点。

(4)在"DOF"中勾选"UX"。

(5)点击"适用"。

（6）重复第（3）~（5）步骤，生成边界条件"支撑2"~"支撑10"。

（7）点击"确认"。

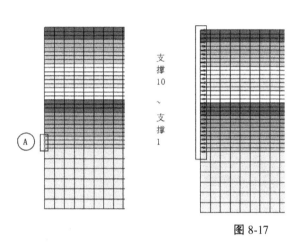

图 8-17

8.18 设置自重

设置自重如图 8-18 所示。

（1）"模型>荷载>自重"。

（2）在"荷载组"一栏中输入"自重"。

（3）在"自重系数"栏，"Y"里填入"-1"。

（4）点击"确认"。

图 8-18 自重系数

8.19 定义施工阶段

定义施工阶段如图 8-19 所示。

(1)"模型>施工阶段>定义施工阶段"。

(2)点击"新建",生成"新阶段#1"。

(3)在阶段类型里选择"施工"。

(4)将"面板","岩体"拖入激活数据,将"支撑"拖入边界,将"自重"拖入荷载。

(5)确认不勾选"水位线"。

(6)确认勾选"位移清零"。

(7)点击"保存"。

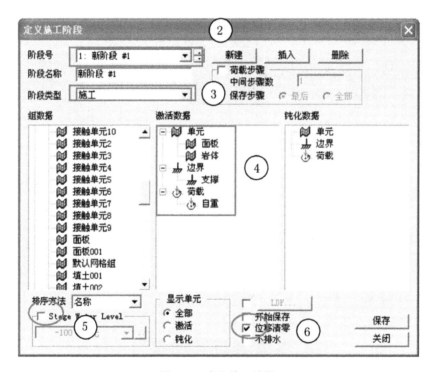

图 8-19 定义施工阶段

8.20 生成余下的施工阶段

同上生成余下的施工阶段,施工过程见表 8-1。

表 8-1   施工阶段过程

施工阶段	激活		
	单元	边界	荷载
新阶段 1#	面板、岩体	支撑	自重
新阶段 2#	填土 001、土工格栅 1、接触单元 1、面板 001	支撑 1	—
新阶段 3#	填土 002、土工格栅 2、接触单元 2、面板 002	支撑 2	—
新阶段 4#	填土 003、土工格栅 3、接触单元 3、面板 003	支撑 3	—
新阶段 5#	填土 004、土工格栅 4、接触单元 4、面板 004	支撑 4	—
新阶段 6#	填土 005、土工格栅 5、接触单元 5、面板 005	支撑 5	—
新阶段 7#	填土 006、土工格栅 6、接触单元 6、面板 006	支撑 6	—
新阶段 8#	填土 007、土工格栅 7、接触单元 7、面板 007	支撑 7	—
新阶段 9#	填土 008、土工格栅 8、接触单元 8、面板 008	支撑 8	—
新阶段 10#	填土 009、土工格栅 9、接触单元 9、面板 009	支撑 9	—
新阶段 11#	填土 010、土工格栅 10、接触单元 10、面板 010	支撑 10	—

8.21　分析工况

分析工况如图 8-20 所示。

(1)"分析>分析工况"。

(2)点击"添加"。

(3)在"名称"一栏中填写"土工格栅"。

(4)在"分析类型"一栏中选择"施工阶段"。

(5)点击"分析控制"。

(6)勾选"应力分析初始阶段"。

(7)点击"确定"。

(8)点击"确定"。

(9)点击"关闭"。

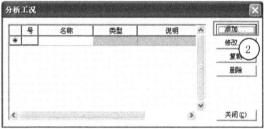

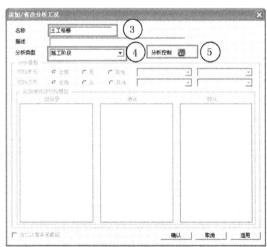

图 8-20　分析工况示意

续图 8-20

8.22 工况分析

工况分析如图 8-21 所示。

(1)"分析>分析工况"。

(2)点击"确定"。

图 8-21 工况分析示意

8.23 查看变形结果

在工作目录树,"选择结果>新阶段#11-displacement-dx",如图 8-22 所示。

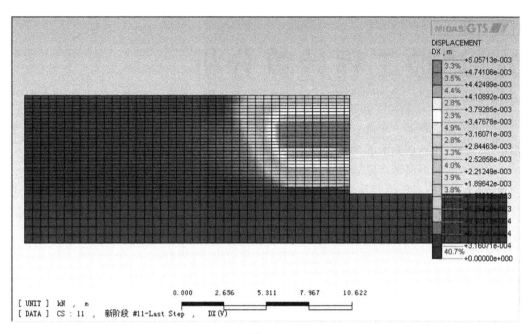

图 8-22

8.24　查看应力结果

在工作目录树,"选择结果>新阶段#11-1Delementforce-trussFx",如图 8-23 所示。

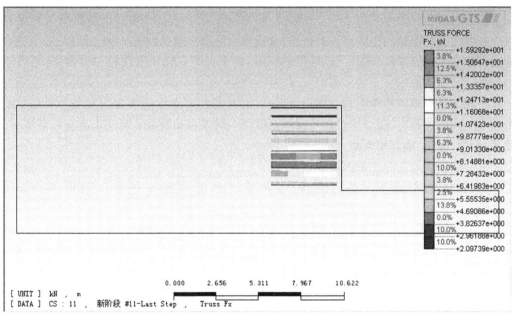

图 8-23

9 边坡工程计算分析

边坡指地壳表部一切具有侧向临空面的地质体,是坡面、坡顶及其下部一定深度坡体的总称。坡面与坡顶面下部至坡脚高程的岩体称为坡体。

边坡工程对国民经济建设有重要的影响:在铁路、公路与水利建设中,边坡修建是不可避免的,边坡的稳定性严重影响到铁路、公路与水利工程的施工安全、运营安全以及建设成本。在路堤施工中,在路堤高度一定条件下,坡角越大,路基所占面积就越小,反之越大。在山区,坡角越大,则路堤所需填方量越少。因此,很有必要对边坡稳定性进行分析。

边坡从其形成开始,就处于各种应力作用(自重应力、构造应力、热应力等)之下。在边坡的发展变化过程中,由于边坡形态和结构的不断改变以及自然和人为营力的作用,边坡的应力状态也随之调整改变。根据资料及有限元法计算,应力主要发生以下变化:

(1)岩体中的主应力迹线发生明显偏转,边坡坡面附近最大主应力方向和坡面平行,而最小主应力方向则与坡面近于垂直,并开始出现水平方向的剪应力,其总趋势是由内向外增多,愈近坡脚愈高,向坡内逐渐恢复到原始应力状态。

(2)在坡脚逐渐形成明显的应力集中带。边坡愈陡,应力集中愈严重,最大最小主应力的差值也愈大。此外,在边坡下边分别形成切向应力减弱带和水平应力紧缩带,而在靠近边坡的表部所测得的应力值均大于按上覆岩体重量计算的数值。

(3)边坡坡面岩体由于侧向应力近于0,实际上变为两向受力。在较陡边坡的坡面和顶面,出现拉应力,形成拉应力带。拉应力带的分布位置与边坡的形状和坡面的角度有关。边坡应力的调整和拉应力带的出现,是边坡变形破坏最初始的征兆。例如,由于坡脚应力的集中,常是坡脚出现挤压破碎带的原因;由于坡面及坡顶出现拉应力带,常是表层岩体松动变形的原因。

边坡在复杂的内外地质营力作用下形成,又在各种因素作用下变化发展。所有边坡都在不断变形过程中,通过变形逐步发展至破坏。其基本变形破坏形式主要有松弛张裂、滑动、崩塌、倾倒、蠕动和流动。

影响边坡稳定性的主要因素如下。

(1)边坡材料力学特性参数:包括弹性模量、泊松比、摩擦角、黏结力、容重、抗剪强度等参数。

(2)边坡的几何尺寸参数:包括边坡高度、坡面角和边坡边界尺寸以及坡面后方坡体的几何形状,即坡体的不连续面与开挖面的坡度及方向之间的几何关系,它将确定坡体的各个部分是否滑动或塌落。

(3)边坡外部荷载:包括地震力、重力场、渗流场、地质构造地应力等。

分析边坡稳定问题,基本上可以分为两种方法:极限平衡方法和数值分析方法。

极限平衡方法的基本思想是:以莫尔-库伦抗剪强度理论为基础,将滑坡体划分成若干垂直条块,建立作用在垂直条块上的力的平衡方程式,求解安全系数。

这种计算分析方法遵循下列基本假定。

(1)遵循库伦定律或由此引伸的准则。

(2)将滑体作为均质刚性体考虑,认为滑体本身不变形,且可以传递应力。因此,只研究滑动面上的受力大小,不研究滑体及滑床内部的应力状态。

(3)将滑体的边界条件大大简化。如将复杂的滑体型态简化为简单的几何型态;将滑面简化为圆弧面、平面或折面;一般将立体问题简化为平面问题,取沿滑动方向的代表性剖面,以表征滑体的基本型态;将均布力简化为集中力,有时还将力的作用点简化为通过滑体重心。

极限平衡方法包括以下几种方法:

(1)瑞典圆弧滑动法;

(2)简化毕肖普法;

(3)简布普遍条分法;

(4)摩根斯坦-普莱斯法;

(5)不平衡推力传递法。

以上各种方法都是假定土体是理想塑性材料,把土条作为一个刚体,按照极限平衡的原则进行力的分析,最大的不同之处在于对相邻土条之间的内力作何种假定,也就是如何增加已知条件使超静定问题变成静定问题。这些假定的物理意义不一样,所能满足的平衡条件也不相同,计算步骤有繁有简,使用时必须注意他们的适用场合。

极限平衡方法关键是对滑体的体型和滑面的形态进行分析,正确选用滑面的计算参数以及正确引用滑体的荷载条件等。因为极限平衡方法完全不考虑土体本身的应力-应变关系,不能真实地反映边坡失稳时的应力场和位移场,因此而受到质疑。

数值分析方法考虑土体应力应变关系,克服了极限平衡方法完全不考虑土体本身的应力-应变关系缺点,为边坡稳定分析提供了较为正确和深入的概念。

边坡稳定性数值分析方法主要有限元法,有限元法考虑了介质的变形特征,真实地反映了边坡的受力状态。它可以模拟连续介质,也可以模拟不连续介质;能考虑边坡沿软弱结构面的破坏,也能分析边坡的整体稳定破坏。有限元法可以模拟边坡的圆弧滑动破坏和非圆弧滑动破坏。同时它还能适应各种边界条件和不规则几何形状,具有很广泛的适用性。

有限元法应用于边坡工程,有其独特的优越性。与一般解析方法相比,有限元法有以下优点。

(1)它考虑了岩体的应力-应变关系,求出每一单元的应力与变形,反映了岩体真实工作状态。

(2)与极限平衡法相比,不需要进行条间力的简化,岩体自始至终处于平衡状态。

(3)不需要像极限平衡法一样事先假定边坡的滑动面,边坡的变形特性、塑性区形成都根据实际应力应变状态"自然"形成。

(4)若岩体的初始应力已知,可以模拟有构造应力边坡的受力状态。

(5)不但能像极限平衡法一样模拟边坡的整体破坏,还能模拟边坡的局部破坏,把边坡的整体破坏和局部破坏纳入统一的体系。

（6）可以模拟边坡的开挖过程，描述和反映岩体中存在的节理裂隙、断层等构造面。

鉴于有限元法具有如此多优点，本章借助通用有限元软件 MIDAS 来实现对边坡稳定性分析，并列举具体的边坡工程。

9.1 二维边坡稳定分析

在施工现场边坡发生破坏不但会影响工期也会给人生命带来危险。所以从安全管理这个角度来看边坡稳定分析比较重要。在此节中主要针对二维边坡里包含软弱层的均匀土坡进行边坡稳定分析。然后介绍一下通过比以前的极限平衡法能够更有效地描述边坡破坏模式的强度折减法来计算边坡的安全系数的方法。查看边坡稳定分析所计算的安全系数以及通过最大剪切变形率的相关等值线来查看破坏形状。

9.1.1 运行 GTS

通过 DXF 文件导入模型形状。

（1）运行 GTS。

（2）点击"☐ 文件>新建打开新项目"。

（3）弹出"项目设定"对话框。

（4）在"项目名称"里输入"基础例题 10"。

（5）"模型类型"指定为"2D"。

（6）"分析约束"指定为"X–Z 平面"。

（7）"重力方向自动"指定为"Z"。

（8）点击"单位系统"右侧的 ... 。

（9）在"单位系统"对话框里"内力（质量）"指定为"kN（ton）"。

（10）点击 确认 。

（11）其他的直接使用程序设定的默认值。

（12）项目设定对话框里点击 确认 。

9.1.1.1 概要

本节主要对内部有一个软弱层的均质土坡进行边坡稳定验算。地层和软弱层分别使用不同的材料，在 GTS 里直接建立几何形状，如图 9-1 和图 9-2 所示。

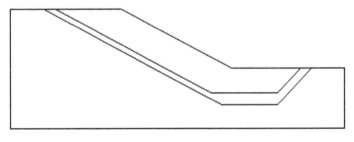

图 9-1 模型形状

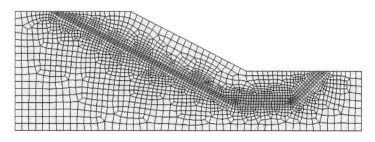

图9-2　模型网格划分

材料不同的部分捆绑成网格组以便于管理。网格组的名称如图9-3所示。

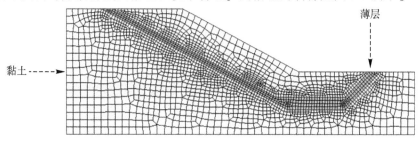

图9-3　模型不同材料

各网格组的材料和特性见表9-1。

表9-1　　　　　　　　　　　各网格组的材料和特性

网格组名称	属性名称(号)	材料名称(号)	特性名称(号)
Clay	Clay(1)	Mat Clay(1)	—
Thin Layer	Thin Layer(2)	Mat Thin Layer(2)	—

各地层(岩土)的特性值见表9-2。

表9-2　　　　　　　　　　　各地层(岩土)的特性值

序号	1	2
名称	Mat Clay	Mat Thin Layer
类型	莫尔-库伦	莫尔-库伦
弹性模量 E	1.0×10^5	1.0×10^4
泊松比 ν	0.3	0.3
容重 γ	20	20
容重饱和	20	20
黏聚力 C	50	30
摩擦角 ϕ	0	0
抗拉强度	1.0×10^7	1.0×10^7
K_0	1	1

9.1.1.2　生成分析数据

生成属性如下。

(1) 主菜单里"选择模型>特性>属性……"。

(2) 属性对话框里点击 ![添加 ▼] 右侧的 ▼。

(3) 选择"平面"。

(4) 添加"修改平面属性"对话框里号指定为"1"。

(5) "名称"处输入"Clay"。

(6) "单元类型"处指定为"平面应变"。

(7) 为生成材料点击"材料"右侧的 ![添加]。

在二维模型中地基用平面类型的属性来表示。在指定了单元类型的前提下点击添加按钮的话,可以生成指定的单元类型里可使用的材料,如图 9-4 所示。

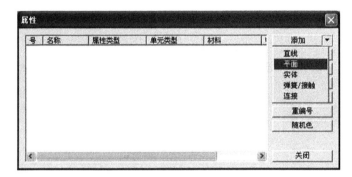

图 9-4

(8) "添加/修改岩土材料"对话框里号指定为"1"。

(9) "名称"处输入"Mat Clay"。

(10) 点击"颜色"的 ![黑色 ▼] 指定想要的颜色。

(11) 材料参数的"弹性模量(E)"处输入"1.0e5"。

(12) 材料参数的"泊松比"处输入"0.3"。

(13) 材料参数的"容重(γ)"处输入"20"。

(14) 材料参数的"容重(饱和)"处输入"20"。

(15) 材料参数的"黏聚力(C)"处输入"50"。

(16) 材料参数的"摩擦角(ϕ)"处输入"0"。

(17) 材料参数的"初始应力参数"处中"K_0"输入"1"。

(18) 模型类型指定为"莫尔-库伦"。

(19) 本构模型中参数的"抗拉强度"处输入"1.0e7"。

(20) "排水参数"指定为"排水"。

(21) 点击 ![确认]。

(22) "添加/修改平面属性"对话框里"材料"指定为"Mat Clay"。

（23）点击 ___适用___ 。

（24）点击 ___适用___ 并确认属性对话框里是否生成"Clay"属性。

如图 9-5~图 9-7 所示。

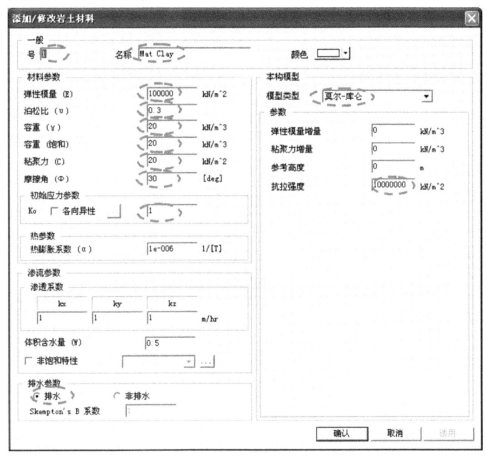

图 9-5 添加岩土属性

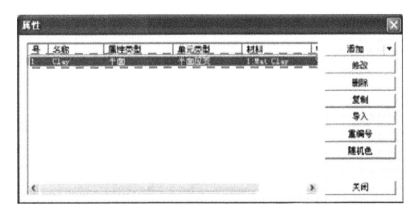

图 9-6 属性

（25）"添加/修改平面属性"对话框里号指定为"2"。

（26）参考图9-8和图9-9，重复（5）到（24）的过程生成"Thin Layer"属性。

（27）"属性"对话框里点击 取消 。

图9-7　修改平面属性

图9-8　修改平面属性

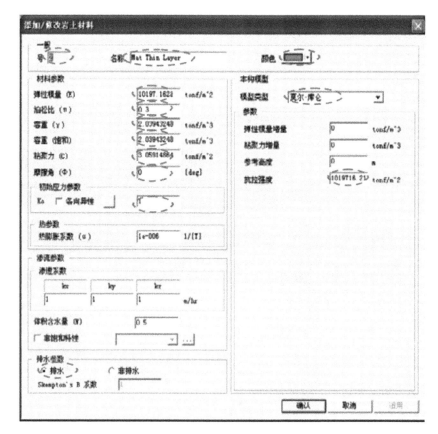

图9-9　修改岩土材料属性

9.1.1.3　二维几何建模

多段线：通过多段线来建立模型的几何形状。

(1)主菜单里"选择几何>曲线>在工作平面上建立>二维多段线(线组)……"。

(2)确认"建立多段线的方法"指定为"单个顶点"。

(3)"多段线"对话框里确认显示为"输入开始位置"。

(4)"方法"指定为"坐标 X,Y"。

(5)"位置"输入"0,0"后按回车。

(6)"多段线"对话框里确认显示为"输入下一个位置(按右键终止)"。

(7)"方法"指定为"相对距离 dX,dY"。

(8)"位置"处输入"0,20"后按回车。

(9)"位置"处输入"20,0"后按回车。

(10)"位置"处输入"20,-10"后按回车。

(11)"位置"处输入"20,0"后按回车。

(12)"位置"处输入"0,-10"后按回车。

(13)"位置"处输入"-60,0"后按回车。

(14)在工作目录树里确认是否生成了多段线。

(15)"多段线"对话框里确认显示为"输入开始位置"。

(16)"方法"指定为"坐标 X,Y"。

(17)"位置"处输入"6,20"后按回车。

(18)"多段线"对话框里确认显示为"输入下一位置(按右键终止)"。

(19)"方法"指定为"相对距离 dX,dY"。

(20)"位置"处输入"32,-16"后按回车。

(21)"位置"处输入"10,0"后按回车。

(22)"位置"处输入"6,6"后按回车。

(23)"点击"鼠标右键完成建立多段线。

(24)"多段线"对话框里确认显示为"输入开始位置"。

(25)"方法"指定为"坐标 X,Y"。

(26)"位置"处输入"8,20"后按回车。

(27)"多段线"对话框里确认显示为"输入下一位置(按右键终止)"。

(28)"方法"指定为"相对距离 dX,dY"。

(29)"位置"处输入"28,-14"后按回车。

(30)"位置"处输入"12,0"后按回车。

(31)"位置"处输入"4,4"后按回车。

(32)点击鼠标右键完成建立多段线。

(33)点击　**取消**　关闭生成多段线对话框。

如图 9-10 所示。

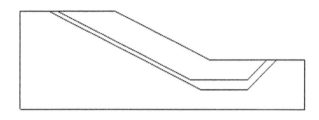

图 9-10　模型输入

9.1.1.4　交叉分割

所有的线在交叉点处彼此分割才能正常生成网格。所以使用交叉分割功能。

(1)动态视图工具条里通过点击 缩放全部在模型窗口显示所有的线。

(2)主菜单里"选择几何>曲线>交叉分割……"。

(3)选择工具条里点击 █ 已显示选择所有的线。

(4)点击 █ 适用 █ 。

(5)点击 █ 取消 █ 。

9.1.1.5　生成二维网格

显隐网格播种信息,网格尺寸控制。

为了使 Thin Layer 的周边能获得比其他部分更详细的分析结果,所以我们对这部分生成更详细的网格。此时若使用显隐网格播种信息可以直接查看形状的网格尺寸控制信息。

(1)选择工具条里点 █ 已显示选择全部线。

(2)主菜单里"选择网格>网格尺寸控制>显隐网格播种信息……"。

(3)"显隐网格播种信息"对话框里指定为"显示网格种子"。

(4)点击 █ 确认 █ 。

指定线的单元大小。

(5)主菜单里"选择网格>网格尺寸控制>线……"。

(6)"选择"工具条里点击 █ 多边形。

(7) █→ 请选择线 █ 状态下参考图 9-11 通过画多边形来选择线。

(8)"播种方法"指定为"单元长度"。

(9)"节点间隔"处输入"0.45"。

(10)点击 █ 预览按钮确认单元的分割数量。

(11)点击 █ 适用 █ 。

(12)"选择"工具条里点击 █ 拾取/窗口。

(13) ![请选择线] 状态下参考图 9-11 选择 A 和 C 的线。

(14)"播种方法"指定为"线性梯度(长度)"。

(15)"SLen"处输入"1"。

(16)"ELen"处输入"0.45"。

(17)点击 ![] 预览按钮确认单元的分割数量。

(18)点击 [适用]。

(19) ![请选择线] 状态下参考图 9-11 选择 B 和 D 部分
的线。

(20)"播种方法"指定为"线性梯度(长度)"。

(21)"SLen"处输入"0.45"。

(22)"ELen"处输入"1"。

(23)点击 [确认]。

通过网格尺寸控制指定的单元播种信息都分别登录到工作目录树的网格>网格尺寸
控制里。除非在工作目录树中删除这些网格尺寸控制信息,若不然会优先适用所有的生
成网格操作里。

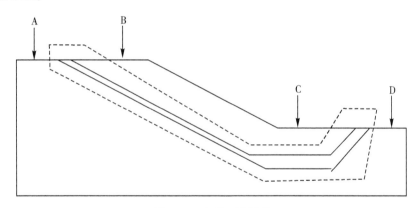

图 9-11　生成二维网格

(24)"选择"工具条里点击 ![] 已显示选择全部线。

(25)主菜单里"选择网格>网格尺寸控制>显隐网格播种信息⋯⋯"。

(26)在"显隐网格播种信息"对话框里选择"隐藏网格种子"。

(27)点击 [确认]。

9.1.1.6　自动划分平面网格

利用自动划分平面网格的功能来生成网格。

(1)主菜单里"选择网格>自动划分网格>平面⋯⋯"。

(2) ![请选择线] 状态下点击 ![] 已显示选择全部的线。

(3)"网格划分方法"指定为"循环网格法"。

(4)"类型"指定为"四边形"。

(5)确认勾选生成"偏移单元"。

(6)"网格尺寸"的"单元尺寸"输入"1.2"。

(7)"属性"指定为"1",即"Clay"。

(8)"网格组"处删除"自动网格(P.A.)"后输入"Clay"。

(9)确认"指定为添加网格组"。

(10)勾选"独立注册各面网格"。

(11)确认勾选"合并节点"。

(12)勾选"生成高次单元"。

(13)点击 适用 。

利用自动划分平面网格命令不必单独定义面,只要定义边界线程序就会利用边界线所形成的平面自动生成网格。对于自动划分平面网格中的各项(生成偏移单元,划分内部区域等)说明可以参考 Getting Started 的操作指南 4 或者联机帮助,如图 9-12 所示。

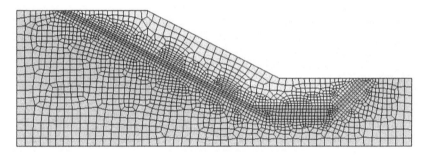

图 9-12　生成网格图

9.1.1.7　网格组

对网格组进行适当的合并,有需要的话也修改一下名称。

(1)选择工作目录树的"网格"。

(2)点击"网格组"前面的⊞标志"展开网格组"。

(3)工作目录树里"选择网格>网格组>Clay(3)"。

(4)按键盘上的【F2】。

(5)"名称"处删除"Clay(3)"后输入"Thin Layer"并按回车。

(6)工作目录树里"选择网格>网格组>Clay(2)"。

(7)点击鼠标左键将选中的网格组拖放到网格组"Clay(1)"里。

(8)弹出"合并已选择的网格组"时若选择 是(Y) 就会合并两网格组。

(9)工作目录树里"选择网格>网格组>Clay(1)"。

(10)按键盘上的【F2】。

(11)"名称"处删除"Clay(1)"后输入"Clay"并按回车。

9.1.1.8　修改参数

在生成网格的过程中由于使用的都是 Clay 特性值,所以对于 Thin Layer 网格组里使用的也是 Clay 特性值。为了进行准确的分析我们使用修改参数的功能重新指定一下特性值。

(1)主菜单里"选择模型>单元>修改参数……"。

(2)选择工具条里将"选择过滤"指定为"网格(M)"。

(3)状态下在工作目录树里选择网格>网格组>TnLayer。

(4)确认指定为属性以及 2D。

(5)"属性"指定为"2"。

(6)点击 确认 。

9.1.2　分析

9.1.2.1　支撑

定义模型的约束条件。

(1)工作目录树里"选择网格>网格组"。

(2)点击鼠标右键调出关联菜单。

(3)选择"显示全部"。

(4)动态视图工具条里点击 缩放全部。

(5)主菜单里"选择模型>边界>支撑"。

(6)支撑对话框里边界组处输入"Support"。

为了使用边界条件首先需要定义边界条件所属的边界组。可以利用"模型>边界>边界组"功能事先生成边界组,也可以在生成边界条件的对话框里通过边界组右侧的 来建立新的边界组。而且在生成各边界条件对话框里输入要生成的边界组的名称后再生成边界条件,即使不特意建立边界组也会按照所输入的边界组的名称生成边界组并将边界条件注册到里面。

(7)"支撑对话框"里对象的"类型"指定为"曲线"。

(8)状态下参考图 9-13 选择指定为 A,B,C 的线。

(9)"模式"指定为"添加"。

(10)"DOF"里勾选"UX"。

(11)点击 适用 。

(12)状态下参考图 9-13 选择指定为 C 的线。

(13)"模式"指定为"添加"。

(14)"DOF"里取消勾选"UX"。

(15)"DOF"里勾选"UZ"。

（16）点击 确认 。

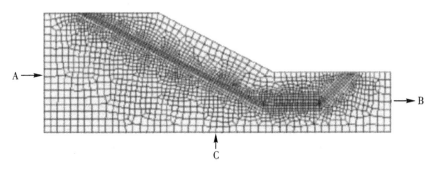

图9-13　边界条件设置

在定义边界条件时如果类型不选择为节点而是选择为曲线、曲面等，那么边界条件可以作用在几何形状上。然后作用在几何形状上的边界条件最终会作用在相应的几何形状所生成的网格上。

通过将模式指定为添加、替换以及删除来添加、替换、删除边界条件。但是在删除时不能按照DOF的各个成分来删除，只能删除选中节点上作用的所有边界条件。另外如果使用固定、自由、铰支等按钮会自动勾选DOF的相应项。

9.1.2.2　自重

模型里的荷载为自重。

（1）主菜单里"选择模型>荷载>自重……"。

（2）"荷载组"里输入"Self Weight"。

（3）"自重系数"的"Z"处输入"−1"。

（4）点击 确认 。

与边界条件较相似，为了使用荷载条件首先需要定义荷载条件所属的荷载组。可以利用"模型>荷载>荷载组"功能事先生成荷载组，也可以在生成荷载条件的对话框里通过荷载组右侧的 ... 来建立新的荷载组。而且在生成各荷载条件对话框里输入要生成的荷载组的名称后再生成荷载条件，即使不特意建立荷载组也会按照所输入的荷载组的名称生成荷载组并将荷载条件注册到里面。

9.1.2.3　分析工况

1.定义分析工况

（1）主菜单里"选择分析>分析工况……"。

（2）"分析工况"对话框里点击 添加... 。

（3）"添加/修改分析工况"里"名称"处输入"基础例题10"。

（4）"描述"处输入"2DSlope Stability"。

（5）"分析类型"指定为"边坡稳定"。

（6）点击"分析控制"的 ... 。

2.利用分析控制功能进行有关边坡稳定的细部设定

(1)"初始安全系数"指定为"1"。

(2)"安全系数增量/步骤"指定为"0.1"。

(3)"最大步数"指定为"30"。

(4)"最大迭代次数"指定为"50"。

(5)"收敛条件"的"内力标准"处输入"0.03"。

(6)"初始水位"指定为"0"。

(7)点击 确认 。

分析控制如图 9-14 所示。

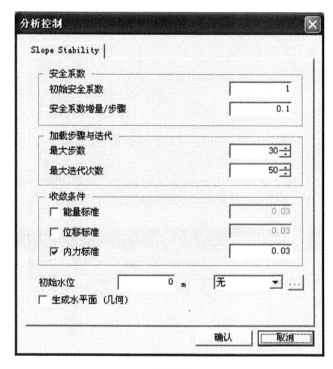

图 9-14

(8)分析模型的"初始单元"里指定为"全部"。

(9)分析模型的"初始边界"里指定为"全部"。

(10)添加或修改初始模型的最左侧的设置目录树里选择荷载>"Self Weight"。

(11)将选中的"Self Weight"拖放到添加或修改初始模型的中部的激活里。

(12)"添加/修改"分析工况里点击 确认 。

(13)"分析工况"对话框里点击 关闭 。

工况分析如图 9-15 和图 9-16 所示。

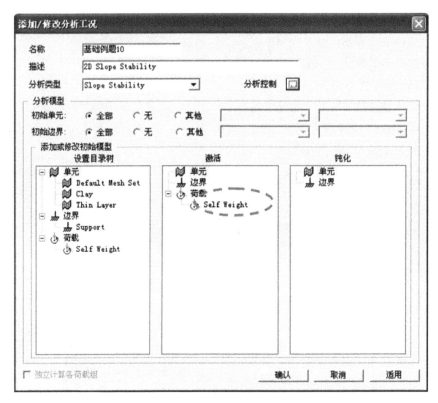

图 9-15　添加分析工况

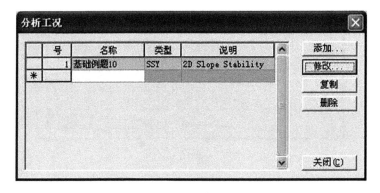

图 9-16　分析工况

9.1.2.4　分析

运行分析:主菜单里"选择分析>分析……"。

在 Output 窗口将显示分析过程中的各种信息。若产生 Warning 等警告信息,有可能导致分析结果的不正常,需要特别留意。分析信息文件的扩展名为 * .OUT * ,形式为文本文件;分析结果文件的扩展名为 * .TA * ,形式为二进制文件。所有文件都将被保存在与模型文件相同的文件夹内,如图 9-17 所示。

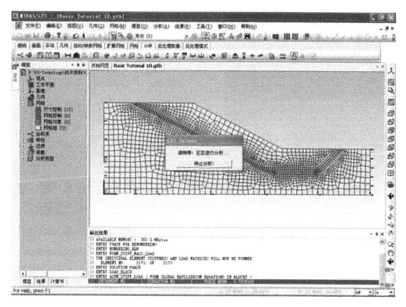

图 9-17　运行

9.1.2.5　查看分析结果

分析如果正常结束后就进入到后处理阶段。熟悉查看结果的方法。

(1)选择工作目录树的边界。

(2)点击鼠标右键调出关联菜单。

(3)选择"隐藏全部"。

(4)选择工作目录树的"荷载"。

(5)点击鼠标右键调出关联菜单。

(6)选择"隐藏全部"。

(7)选择工作目录树的"几何"。

(8)点击鼠标右键调出关联菜单。

(9)选择"隐藏全部"。

(10)不进行任何选择的状态下在模型窗口里点击鼠标右键调出关联菜单。

(11)选择"关闭所有三角标"。

(12)不进行任何选择的状态下在模型窗口里点击鼠标右键调出关联菜单。

(13)选择"开关栅格"。

为了清晰地处理图形结果,建议隐藏建模过程中使用的信息。

9.1.2.6　位移等值线

查看安全系数以及位移,先查看整体位移。

(1)工作目录树里选择"结果"表单。

(2)工作目录树里确认"CO","基础例题 10>Slope Stability>Safety Factor"标记为"1.3875"。

(3)工作目录树里双击"CO","基础例题 10>Slope Stability>Displacement>DXYZ(V)"。

计算结果如图 9-18 所示。

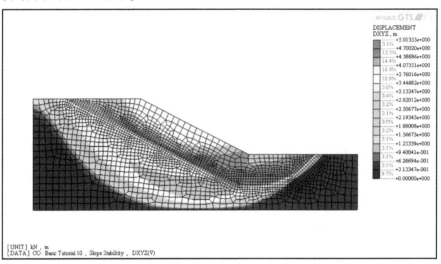

图 9-18　计算结果

(4)点击"变形数据"左侧的 ⬚▾ 网格形状。

(5)选择"变形+未变形"。

(6)在后处理数据工具条里点击 适用 。

(7)"特性窗口"里选择"变形"。

(8)"变形前形状类型"指定为"特征图形的线"。

(9)"特性窗口"里点击 适用 。

变形图如图 9-19 所示。

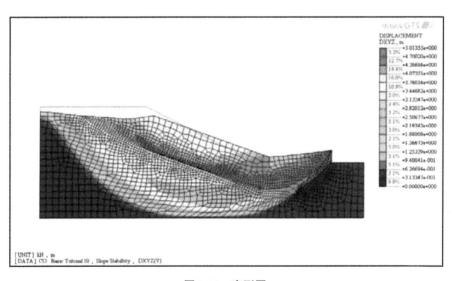

图 9-19　变形图

9.1.2.7　最大剪切应变

查看剪切应变。

（1）工作目录树里双击"CO"，"基础例题 10>Slope Stability>Plane-Strain Strains>HO-Plstrn Max Shear"。

（2）选择"后处理模式"工具条。

（3） 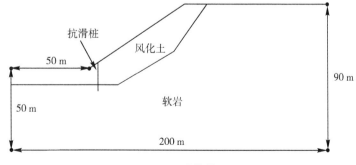▾线类型指定为"无线"。

滑弧面如图 9-20 所示。

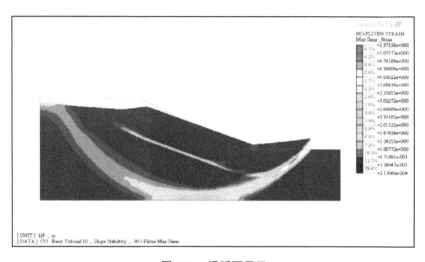

图 9-20　滑弧面显示

9.2　二维抗滑桩边坡稳定分析

9.2.1　模型概要

计算模型为一上部风化土、下部软岩的边坡。坡脚采用抗滑桩支护，桩长 17 m，桩径 1.4 m，间距 2.5 m，采用梁单元模拟。本节是讲解如何通过 MIDAS/GTS 软件对边坡稳定进行分析，如图 9-21 所示。

图 9-21　计算模型

9.2.2 设置分析条件

依次单击："分析>分析工况>设置"。

设置模型类型、重力方向及初始参数，确认分析中使用的单位。单位制可在建模过程及确定分析结果时修改，输入的参数将被自动换算成设置的单位制。本节是以 y 轴为重力方向的二维模型，单位制使用 SI 单位（kN, m），如图 9-22 所示。

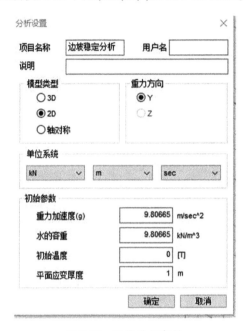

图 9-22　设置分析条件

9.2.3 定义材料及属性材料

9.2.3.1 定义岩体

土层材料的模型类型选择莫尔-库伦（Mohr-Coulomb）模型。

各地层材料如下表，并定义岩体参数见表 9-3 和图 9-23。

表 9-3　　　　　　　　　　　　　岩体材料参数

名称	风化土	软岩
材料	各向同性	各向同性
模型类型	莫尔-库伦	莫尔-库伦
弹性模量 E（kN/m²）	14 000	120 000
泊松比 ν	0.3	0.3
容重 γ（kN/m³）	18	23
K_0	1.0	1.0
容重（饱和）（kN/m³）	20	23

续表 9-3

名称	风化土	软岩
材料	各向同性	各向同性
模型类型	莫尔-库伦	莫尔-库伦
初始孔隙比 e_0	0.5	0.5
排水参数	排水	排水
黏聚力（kN/m^2）	27	50
摩擦角（°）	25	33

图 9-23　材料设置

9.2.3.2　定义结构材料

结构材料选择不考虑材料非线性的弹性（Elastic）模型。各材料材料见表 9-4 和 9-24，并按表 9-4 定义结构参数。

表 9-4　　　　　　　　　　结构参数

名称	桩
类型	1D
模型类型	梁
材料	抗滑桩
间距（m）	2.5
界面形状	实心圆形
界面厚度（m）	$D=1.4$
弹模（kN/m^2）	30 000 000

图 9-24　定义结构材料

9.2.3.3　定义属性

创建网格时,需要为各网格组指定、分配属性。定义岩土和结构的属性时,需要首先选择材料。此外,定义结构的属性时,还需要定义结构构件类型、截面形状等参数。

在三维模型计算中,一般使用板单元模拟连续的墙体和喷混,植入式桁架主要用于模拟三维模型中的土钉、锚杆、锚索等。植入式桁架单元只承受轴力,相较于桁架单元其差别在于不需要与岩土单元节点耦合,但位置必须在岩土内部。

各岩土材料的属性见表 9-5 和图 9-25。

表 9-5　　　　　　　　　　　　　　　　各岩土材料的属性

名称	风化土	软岩
类型	2D	2D
模型类型	平面应变	平面应变

图 9-25   定义属性

各结构构件的属性见表 9-6 和图 9-26。若定义了截面形状,则程序自动计算截面刚度。

表 9-6 各结构构件的属性

名称	1D 属性
类型	1D
模型类型	植入式梁单元
材料	桩
间距(m)	2.5
界面形状	实心圆形
界面厚度(m)	$D = 0.025$

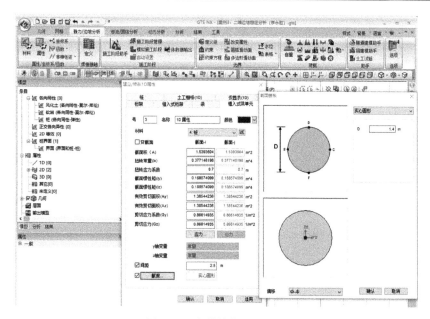

图 9-26   各结构构件的属性

9.2.4　几何建模

在 GTS NX 中,使用的坐标系有整体坐标系(GCS)和工作平面坐标系(WCS)。

通常整体坐标系在屏幕右下方,坐标轴用红色(x 轴)、绿色(y 轴)、蓝色(z 轴)的箭头表示。工作平面坐标系,位于工作平面中心,与工作平面一起移动。如果工作平面改变,工作平面坐标系也会改变。

9.2.4.1　利用 GTS 导入 CAD 曲线

依次点击"![icon]>导入(I)>DWG(线框)",如图 9-27 所示。

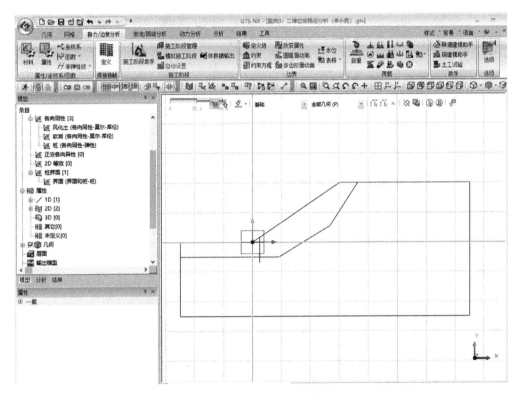

图 9-27　导入 CAD 曲线

9.2.4.2　交叉分割线。

依次点击"几何>顶点与曲线>交叉分割"。

(1)框选模型中曲线。

(2)点击"确认"。

9.2.4.3　生成岩体和土体

依次单击选择"几何>曲面与实体>生成曲面"。

依次选择"曲线生成曲面,几何组分命名为风化土/软岩",如图 9-28 所示。

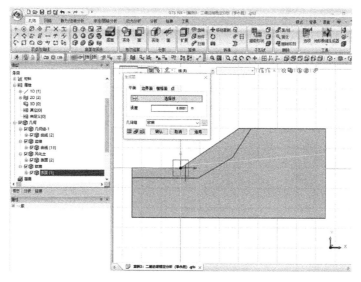

图 9-28　生成模型

9.2.5　网格划分

9.2.5.1　风化土网格划分设置

依次单击选择"网格>生成> 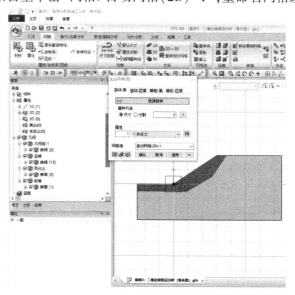 2D",如图 9-29 所示。

(1)播种方法,"尺寸"数值填写"2"。

(2)"属性"选择"风化土"。

(3)"网格组"自动命名为"自动网格(2D)"。

(4)左侧模型条目里单击"网格>自动网格(2D)-1",重命名网格组为"风化土"。

图 9-29　生成网格

9.2.5.2 软岩网格划分设置

依次单击选择"网格>生成> 2D",如图9-30所示。

(1)播种方法。"尺寸"数值填写"2"。

(2)"属性"选择"软岩"。

(3)"网格组"自动命名为"自动网格(2D)"。

(4)左侧模型条目里单击"网格>自动网格(2D)-2",重命名网格组为"软岩"。

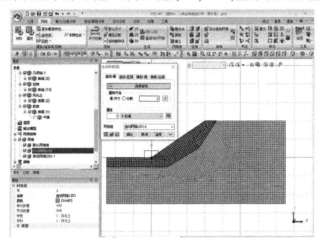

图9-30 软岩网格划分设置

9.2.5.3 抗滑桩网格划分设置

依次单击选择"网格>生成> 1D",如图9-31所示。

(1)播种方法。"尺寸"数值填写"2"。

(2)"属性"选择"桩"。

(3)"网格组"填写"抗滑桩"。

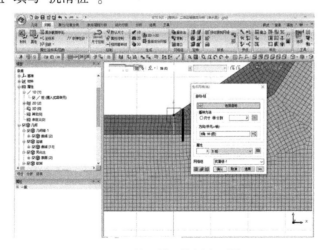

图9-31 抗滑桩网格划分设置

9.2.6 分析设置

9.2.6.1 定义荷载条件

依次单击选择"静力/边坡分析>荷载>自重",如图 9-32 所示。

定义自重为岩土、结构构件的容重乘以设置的重力加速度。软件可以输入基于方向的重力加速度比例因子对设置默认重力方向。

(1)"名称"输入"自重-1"、荷载组输入"自重"。

(2)荷载成分在重力加速度方向 Gy 上输入"-1"。

(3)点击"适用"键。

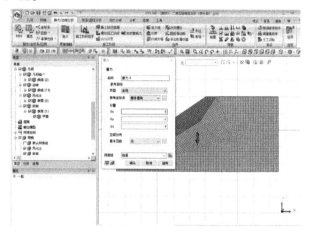

图 9-32 分析设置

9.2.6.2 定义约束边界条件

依次单击选择"静力/边坡分析>边界>约束",如图 9-33 所示。

(1)以整体坐标系为准,对模型左/右/下部位移以及旋转设置约束条件。

(2)在"自动"选项里,"名称"和"边界组名称"分别输入"约束-2""约束"。

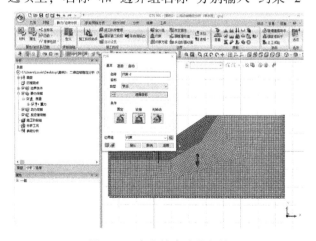

图 9-33 定义约束边界条件

9.2.6.3　定义圆弧滑动边界条件

依次单击选择"静力/边坡分析>边界>圆弧滑动面",如图 9-34 所示。

(1)以整体坐标系为准,如图圈定栅格。

(2)"圆弧切线法"设置如图 9-34 所示。

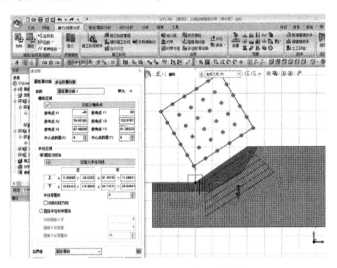

图 9-34　定义圆弧滑动边界条件

9.2.6.4　设置分析工况

依次单击选择"分析>分析工况>新建",如图 9-35 所示。

(1)标题设置为"抗滑桩二维边坡稳定分析"。

(2)求解类型设置为边坡稳定(SAM)。

(3)将"边界条件""荷载"拖入激活组中。

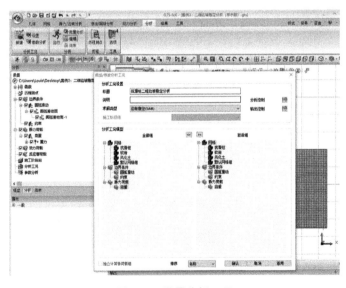

图 9-35　设置分析工况

9.2.6.5 执行分析

依次单击选择"分析>运行"执行分析,如图 9-36 所示。

完成分析后自动转换成后处理模式(查看结果)。

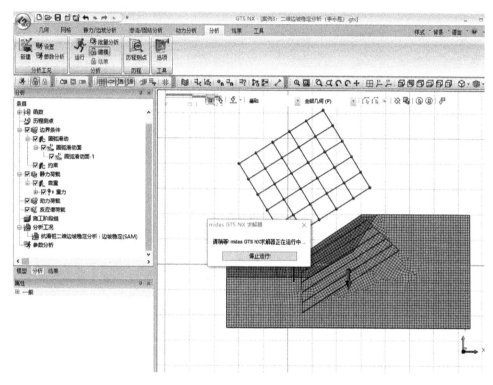

图 9-36 执行分析

9.2.7 分析结果

计算完成后,可以在结果目录树上查看边坡位移、应力、结构内力等。所有结果按等值线、云图、表格、图形等输出。在本节中需要分析的主要结果如下:

(1)边坡最小安全系数及滑弧。

(2)边坡位移云图。

(3)边坡变形示意图。

(4)最大剪切应变图。

9.2.7.1 边坡最小安全系数及滑弧

依次单击选择"结果>特殊> SAM",如图 9-37 所示。

(1)"线宽"设置为"4"。

(2)"颜色"设置为"绿色"。

(3)点击"最小"。

边坡的最小安全系数为 1.27,边坡安全。

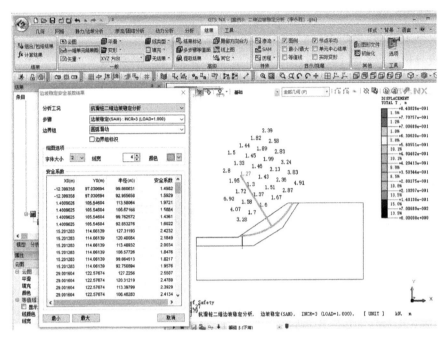

图 9-37　边坡最小安全系数及滑弧

9.2.7.2　边坡位移云图

依次在左侧目录树点击"结果>抗滑桩二维边坡稳定分析>边坡稳定(SAM)>Dispacement> TOTAL TRANSLATION",如图 9-38 所示。

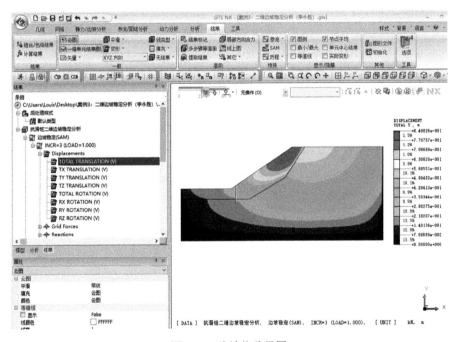

图 9-38　边坡位移云图

9.2.7.3 边坡变形示意图

依次单击选择"结果>一般",如图 9-39 所示。

(1)单击"云图"。

(2)单击"变形",将其设置为"变形+未变形(网格线)"。

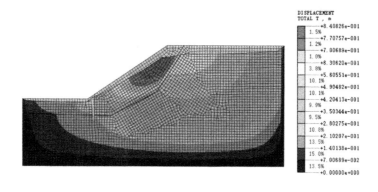

[DATA]　抗滑桩二维边坡稳定分析，　边坡稳定(SAM)，　INCR=3 (LOAD=1.000)，　[UNIT]　　kN, m

图 9-39　边坡变形示意图

9.2.7.4 最大剪切应变图

依次在左侧目录树点击"结果>抗滑桩二维边坡稳定分析>边坡稳定(SAM)>Plane Strain Strain>E-MAX SHEAR",如图 9-40 所示。

[DATA]　抗滑桩二维边坡稳定分析，　边坡稳定(SAM)，　INCR=3 (LOAD=1.000)，　[UNIT]　　kN, m

图 9-40　最大剪切应变图

9.3 三维边坡稳定分析

由于边坡稳定分析利用数值分析,因此可以求得与实际更接近的破坏模式,也能够进行更贴近实际状况的分析。但是对于二维分析由于只分析边坡的一个滑动面,利用它来考虑三维的边坡变形还是受一定的限制的。二维分析和三维分析的最大区别在于是否考虑地表面和滑动面的形状、岩土特性以及滑动面的强度等影响边坡的变形因素。三维分析考虑空间效应,所以三维分析更接近实际。在二维分析里对于那些凹凸不平的边坡都按照统一的形状来处理。此节中主要了解二维和三维的区别以及证明三维更接近实际的状况。

9.3.1 运行 GTS

运行程序如下:

(1)运行 GTS。

(2)点击"▢文件>新建打开新项目"。

(3)弹出"项目设定"对话框。

(4)在"项目名称"里输入"基础例题11"。

(5)点击"单位系统"右侧的 … 。

(6)在"单位系统"对话框里"内力(质量)"指定为"kN(ton)"。。

(7)点击 确认 。

(8)其他的直接使用程序设定的默认值。

(9)项目设定对话框里点击 确认 。

9.3.1.1 概要

模型的几何形状和网格形状如图 9-41 和图 9-42 所示。直接在 GTS 里建模并进行分析。

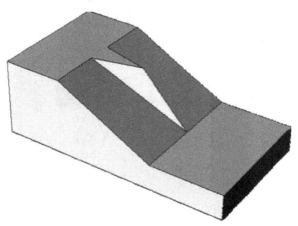

图 9-41　模型

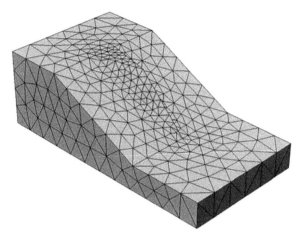

图 9-42　网格划分

此模型中地基由一种材料构成,地基(岩土)的属性如下表 9-7 所示。

表 9-7　　　　　　　　　　　　　　地基(岩土)的属性

AttributeI D	1
Foundation	Clay
Type	Solid
Element Type	Solid
Material(ID)	Mat Clay(1)

属性 1 里使用的 Mat Clay 材料的特性见表 9-4 所示。

表 9-8　　　　　　　　　　　　　　Mat Clay 材料的特性

材料号	1
名称	Mat Clay
类型	Mohr-Coulomb
弹性模量 E	1.0×10^5
泊松比 ν	0.3
容重 γ	20
容重饱和	20
黏聚力 C	20
摩擦角 ϕ	30
抗拉强度	1.0×10^7
K_0	1

9.3.1.2 生成分析数据

属性：生成属性。三维分析里使用的地基属性为实体类型。

（1）主菜单里选择"模型>特性>属性……"。

（2）点击"属性"对话框里点击 添加 ▼ 右侧的 ▼ 。

（3）选择"实体"。

（4）"添加/修改平面属性"对话框里号指定为"1"。

（5）"名称"处输入"Clay"。

（6）"单元类型"处指定为"实体"。

（7）为生成材料点击"材料"右侧的 添加 。

属性设置如图 9-43 所示。

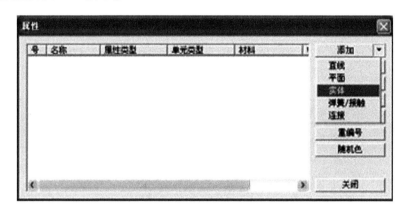

图 9-43 属性

（8）"添加/修改"岩土材料对话框里号指定为"1"。

（9）"名称"处输入"Mat Hard Rock"。

（10）"模型类型"指定为"莫尔-库伦"。

（11）"材料参数"的"弹性模量 E"处输入"1.0e5"。

（12）"材料参数"的"泊松比 ν"处输入"0.3"。

（13）"材料参数"的"容重 γ"处输入"20"。

（14）"材料参数"的"容重(饱和)"处输入"20"。

（15）"材料参数"的"黏聚力 C"处输入"20"。

（16）"材料参数"的"摩擦角 ϕ"处输入"30"。

（17）"材料参数"的"初始应力参数"处中 K_0 输入"1"。

（18）"本构模型"里参数的"抗拉强度"处输入"1.0e7"。

（19）"排水参数"指定为"排水"。

（20）点击 确认 。

岩土材料添加如图 9-44 所示。

图 9-44　岩土材料添加

（21）"添加/修改实体属性"对话框里材料指定为"Mat Clay"。

（22）点击　**添加**　。

（23）"属性"对话框里是否生成"Clay"属性。

（24）"属性"对话框里点击　**适用**　。

属性修改如图 9-45 和图 9-46 所示。

图 9-45　黏土材料

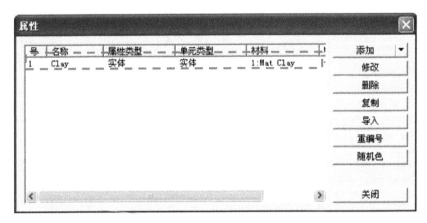

图 9-46　生成材料表格

9.3.1.3　建立几何模型

多段线:利用多段线功能建立模型的形状。

(1)视图工具条里点击 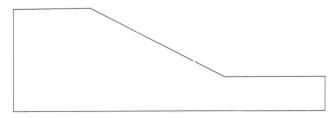 前视图。

(2)主菜单里选择"几何>曲线>在工作平面上建立>二维多段线(线组)……"。

(3)确认建立多段线的"方法"指定为单个顶点。

(4)"多段线"对话框里确认显示为"输入开始位置"。

(5)"方法"指定为"坐标 X,Y"。

(6)"位置"处输入"0,0"后按回车。

(7)"多段线"对话框里确认显示为"输入下一个位置(按右键终止)"。

(8)"方法"指定为"相对距离 dX,dY"。

(9)"位置"处输入"47,0"后按回车。

(10)"位置"处输入"0,5"后按回车。

(11)"位置"处输入"−15,0"后按回车。

(12)"位置"处输入"−20,10"后按回车。

(13)"位置"处输入"−12,0"后按回车。

(14)"位置"处输入"0,−15"后按回车。

(15)点击 **取消** 关闭多段线对话框。

外轮廓如图 9-47 所示。

图 9-47　外轮廓

9.3.1.4　扩展

将生成的线组扩展成实体。

(1)"视图"工具条里通过点击 ⬡ 等轴测视图。

(2)主菜单里选择"几何>生成几何形状>扩展……"。

(3)将指定为"面(F)"的选择过滤指定为"线组(W)"。

(4) ➡ ▭选择扩展形状▭ 状态下在工作目录树里选择曲线>"多段线"。

(5)"扩展方向"指定为"轮廓线法线方向"。

(6)"长度"处输入"25"。

(7)确认勾选"实体"。

(8)"名称"处输入"边坡"。

(9)点击 🖵 预览按钮确认扩展后的形状。

(10)点击 ▭确认▭。

(11)工作目录树里选择"几何>曲线后点击鼠标右键调出关联菜单"。

(12)选择"隐藏全部"。

实体图如图 9-48 所示。

9.3.1.5　移动工作平面

为了建立其他的形状移动工作平面。

(1)主菜单里选择"几何>移动工作平面>移动……"。

(2)选择"3 顶点平面"表单。

(3)"捕捉工具"条里确认已激活 ✐ 中点捕捉。

(4)原点处参考图 9-49 点击点 A 来输入坐标。输入"12,12.5,15"。

(5)x 轴处参考图 9-49 点击点 B 来输入坐标。输入"12,25,15"。

(6)平面处参考图 9-49 点击点 C 来输入坐标。输入"0,12.5,15"。

(7)点击 🖵 预览按钮确认移动的工作平面。

(8)点击 ▭确认▭。

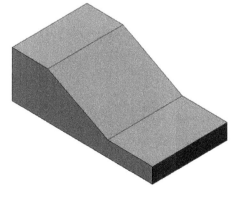

图 9-48　拉伸成实体

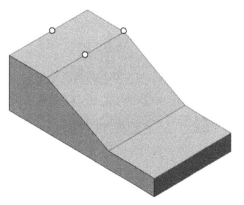

图 9-49　移动工作平面

9.3.1.6 多段线,三维直线

通过多段线功能建立模型的形状。

(1)"视图"工具条里点击 ⊞ 法向。

(2)主菜单里选择"几何>曲线>在工作平面上建立>二维多段线(线组)……"。

(3)确认"建立多段线的方法"指定为单个顶点。

(4)"多段线"对话框里确认显示为"输入开始位置"。

(5)"方法"指定为"坐标 X,Y"。

(6)"位置"处输入"-2.5,0"后按回车。

(7)"多段线"对话框里确认显示为"输入下一位置(RB to Stop)"。

(8)"方法"指定为"相对距离 dX,dY"。

(9)"位置"处输入"2.5,-10"后按回车。

(10)"位置"处输入"2.5,10"后按回车。

(11)"位置"处输入"-5,0"后按回车。

(12)点击 取消 关闭生成多段线对话框。

(13)"视图"工具条里点击 ⬡ 等轴测视图。

(14)主菜单里选择"几何>曲线>建立三维>三维直线……"。

(15)"捕捉"工具条里确认已激活 ✎ 点捕捉和 ⊹ 顶点捕捉。

(16)"3D 线"对话框里确认显示为"输入开始位置"。

(17)"位置"处参考图 9-50 点击点 A 来输入坐标。

(18)"3D 线"对话框里确认显示为"输入结束位置"。

(19)"位置"处参考图 9-50 点击点 B 来输入结束点坐标。

(20)点击 取消 。

9.3.1.7 扩展

将生成的线组扩展成实体。

(1)主菜单里选择"几何>生成几何形状>扩展……"。

(2)将指定为"面(F)"的"选择过滤"指定为"线组(W)"。

(3) → 选择扩展形状 状态下在工作目录树里选择曲线>"多段线"。

(4)点击 ? 选择扩展方向 。

(5)将指定为"基准轴(A)"的选择工具条指定为"线"。

(6) → 选择扩展形状 状态下工作目录树里选择曲线>"直线"。

(7)点击"长度"右侧的 < ,选中的方向上的线长会自动输入到"长度"里。

(8)勾选"实体选项"。

(9)点击 ▣ 预览按钮确认扩展后的形状。

(10)点击 确认 。

（11）工作目录树里选择"几何>曲线"后点击鼠标右键调出关联菜单。

（12）选择"隐藏全部"。

生成的线组扩展成实体如图 9-51 所示。

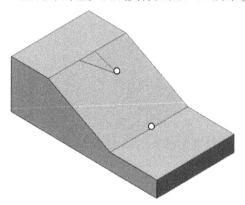

图 9-50   多段线，三维直线   图 9-51   将生成的线组扩展成实体

9.3.1.8   交集

将生成的两个实体合并成一个实体。

（1）主菜单里选择"几何>布尔运算>交集……"。

（2）　选择布尔运算主形状　状态下在工作目录树里选择"几何>实体的边坡"实体。

（3）　选择布尔运算辅助形状　状态下在工作目录树里选择"几何>实体的扩展"实体。

（4）确认勾选"删除辅助形状"。

（5）勾选"合并面"。

（6）点击　预览按钮确认布尔运算的结果。

（7）点击　确认　。

合并后的一个实体如图 9-52 所示。

9.3.1.9   生成网格

网格尺寸控制：在生成网格之前，为了对局部地方生成更精密的网格，事先指定一下网格尺寸。

（1）主菜单里选择"网格>网格尺寸控制>线……"。

（2）"视图"工具条里点击　顶视图。

（3）　请选择线　状态下参考图 9-53 拖动选择线。

（4）"播种方法"指定为"单元长度"。

（5）"节点间隔"处输入"1.5"。

（6）点击　预览按钮确认线上生成的节点位置。

（7）点击 适用 。

（8）→ 请选择线 状态下参考图 9-53 选择指定为 A 和 C 的线。

（9）"播种方法"指定为"线性梯度（长度）"。

（10）"Slen"处输入"1.5"。

（11）"Elen"处输入"3.5"。

（12）点击 预览按钮确认线上生成的节点位置。

（13）点击 适用 。

（14）→ 请选择线 状态下参考图 9-53 选择指定为 B 和 D 的线。

（15）"播种方法"指定为"线性梯度（长度）"。

（16）"Slen"处输入"3.5"。

（17）"Elen"处输入"1.5"。

（18）点击 预览按钮确认线上生成的节点位置。

（19）点击 确认 。

网格尺寸控制如图 9-53 所示。

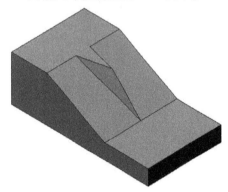

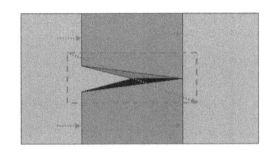

图 9-52　将生成的两个实体合并成一个实体　　　　图 9-53　网格尺寸控制

9.3.1.10　自动划分实体网格

GTS 里对于二维和三维边坡稳定分析为了进行准确的分析试用 FEM 的强度折减法。与使用高次单元相比，使用低阶单元时由于计算的刚度较大，所以得到的安全系数值有可能相对大一些。由于上述的特性，所以在 GTS 里使用强度折减法的边坡稳定分析使用高次单元时，会得到非常理想的结果，但是对于一次单元来说有些模型可能会得到不理想的值。因此，在 GTS 里使用强度折减法的边坡稳定分析时一定要使用高次单元。

在生成的实体上生成 Tetra 网格。

（1）"视图"工具条里点击 等轴测视图。

（2）主菜单里选择"网格>自动划分网格>实体……"。

（3）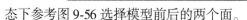状态下在工作目录树里选择几何>实体的"边坡"。

（4）"网格尺寸"的"单元尺寸"处输入"4"。

（5）"属性"指定为"1"。

（6）"网格组"处删除自动网格化（实体）后输入"边坡"。

（7）确认勾选"合并节点"。

（8）勾选"生成高次单元"。

（9）取消勾选"划分网格"后"隐藏对象实体"。

（10）点击 预览按钮确认生成的网格。

（11）点击 确认 。

网格划分如图 9-54 所示。

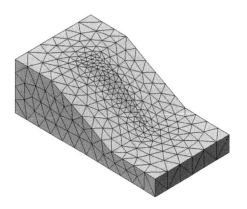

图 9-54　自动划分实体网格

9.3.2　分析

9.3.2.1　支撑

定义模型的约束条件。

（1）工作目录树里选择"网格"后点击鼠标右键调出关联菜单。

（2）点击"隐藏全部"。

（3）主菜单里选择"模型>边界>支撑……"。

（4）"边界组"里输入"Support"。

（5）"对象的类型"处指定为"曲面"。

（6）"选择过滤"指定为"面（F）"。

（7）　选择曲面　状态下参考图 9-55 选择模型左右侧的两个面。

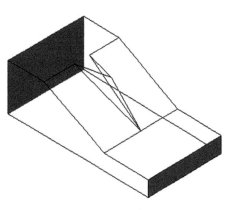

图 9-55　添加边界条件 U_X

（8）"模式"指定为"添加"。

（9）"DOF"里勾选"UX"。

（10）点击 适用 。

（11）确认"边界组"指定为"Support"。

（12）"对象的类型"处指定为"曲面"。

（13）"选择过滤"处指定为"面（F）"。

（14）　选择曲面　状态下参考图 9-56 选择模型前后的两个面。

（15）"模式"指定为"添加"。

（16）"DOF"里取消勾选"UX"后勾选"UY"。

（17）点击 适用 。

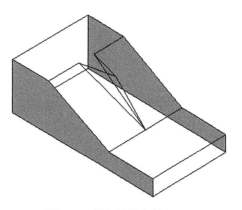

图 9-56　添加边界条件 U_Y

（18）"对象的类型"处指定为"曲面"。

（19）"选择过滤"指定为"面（F）"。

（20）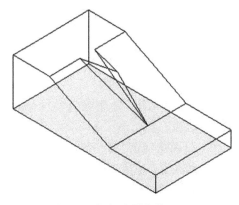 状态下参考图9-57选择模型的一个底面。

（21）"模式"指定为"添加"。

（22）"DOF"勾选"UX"，"UY"，"UZ"。

（23）点击 **确认** 。

图 9-57　添加边界条件 U_z

9.3.2.2　自重

模型的荷载为自重。

（1）主菜单里选择"模型>荷载>自重……"。

（2）"荷载组"里输入"Self Weight"。

（3）"自重系数"的"Z"里输入"-1"。

（4）点击 **确认** 。

9.3.2.3　分析工况

定义分析工况。

（1）主菜单里选择"分析>分析工况……"。

（2）"分析工况"对话框里点击 **添加…** 。

（3）"添加/修改"分析工况对话框里"名称"处输入"基础例题11"。

（4）"描述"处输入"3D Slope Stability"。

（5）"分析类型"指定为"Slope Stability"。

（6）点击"分析控制"右侧的 **…** 。

利用分析控制功能进行边坡稳定分析的细部设定。

（1）"初始安全系数"指定为"1"。

（2）"安全系数增量/步骤"指定为"0.1"。

（3）"最大步数"指定为"30"。

（4）"最大迭代次数"指定为"50"。

（5）"收敛条件"的"内力标准"处输入"0.03"。

（6）"初始水位"指定为"0"。

（7）点击 **确认** 。

分析控制如图9-58所示。

（8）分析模型的"初始单元"里指定为"全部"。

（9）分析模型的"初始边界"里指定

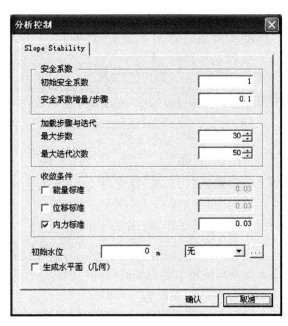

图 9-58　分析控制

为"全部"。

（10）"添加"或"修改"初始模型的最左侧的设置目录树里选择"荷载>Self Weight"。

（11）将选中的"Self Weight"拖放到"添加"或"修改"初始模型的中部的激活里。

（12）"添加/修改"分析工况里点击 确认 。

（13）"分析工况"对话框里点击 关闭 。

工况分析如图 9-59 和图 9-60 所示。

图 9-59　添加分析工况

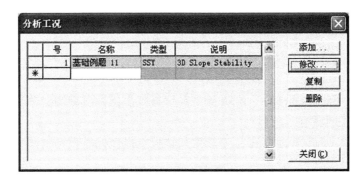

图 9-60　设置分析题目

9.3.2.4　分析

运行分析:主菜单里选择"分析>分析……"。

在 Output 窗口将显示分析过程中的各种信息。若产生 Warning 等警告信息,有可能导致分析结果的不正常,需要特别留意。分析信息文件的扩展名为 ∗.OUT∗,形式为文本文件;分析结果文件的扩展名为 ∗.TA∗,形式为二进制文件。所有文件都将被保存在与模型文件相同的文件夹内,如图 9-61 所示。

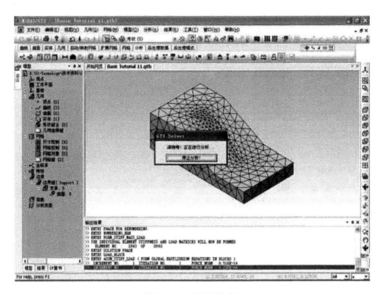

图 9-61　运行分析

9.3.2.5　查看分析结果

分析如果正常结束后就进入到后处理阶段。熟悉查看结果的方法。

(1)选择工作目录树的"边界"。

(2)点击鼠标右键调出关联菜单。

(3)选择"隐藏全部"。

(4)选择工作目录树的"荷载"。

(5)点击鼠标右键调出关联菜单。

(6)选择"隐藏全部"。

(7)选择工作目录树的"几何"。

(8)点击鼠标右键调出关联菜单。

(9)选择"隐藏全部"。

(10)不进行任何选择的状态下,在模型窗口里点击鼠标右键调出关联菜单。

(11)选择"关闭所有三角标"。

(12)不进行任何选择的状态下,在模型窗口里点击鼠标右键调出关联菜单。

(13)选择"开关栅格"。

为了清晰地处理图形结果建议隐藏建模过程中使用的信息。

9.3.2.6　位移等值线

查看安全系数以及位移。先查看整体位移。

(1)工作目录树里选择结果表单。

(2)工作目录树里确认"CO","基础例题 11>Slope Stability>Safety Factor",标记为"1.5875"。

(3)工作目录树里双击"CO","基础例题 11>Slope Stability>Displacement>DXYZ(V)"。

位移等值线如图 9-62 所示。

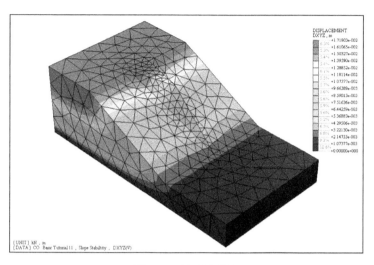

图 9-62　位移等值线

同时显示变形形状。

（1）点击"变形形状"左侧的 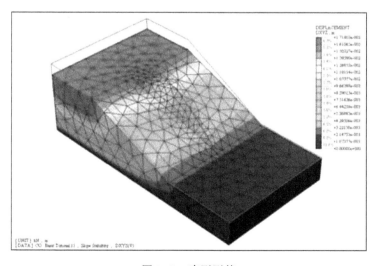 网格形状。

（2）选择"变形+未变形"。

（3）在后处理数据工具条里点击 **适用**。

（4）"特性"窗口里选择"变形"。

（5）"变形前形状类型"指定为"特征图形的线"。

（6）"变形前线宽度"处输入"2"。

（7）"特性窗口"里点击 **适用**。

变形形状如图 9-63 所示。

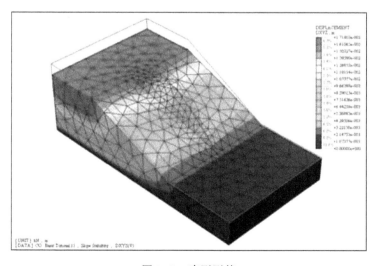

图 9-63　变形形状

9.3.2.7 最大剪切应变

查看最大剪切应变。

（1）工作目录树里双击 CO：基础例题 11>Slope Stability>Solid Strains>"HO-Solid Max Shear"。

（2）选择后处理模式工具条。

（3）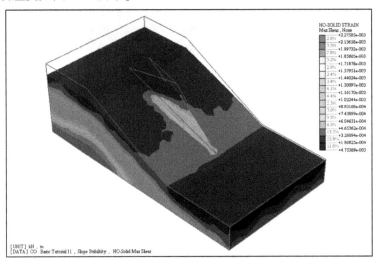线类型指定为"无线"。

最大剪切应变如图 9-64 所示。

图 9-64　最大剪切应变

由于用 MIDAS/GTS 做边坡稳定分析时使用了强度折减法，所以为了更有效地利用最好使用如下的操作过程。

（1）使用初始安全系数开始计算。

（2）收敛后增加一个安全系数增量重新开始计算。

（3）未收敛时减去一个安全系数增量重新开始计算。

（4）收敛后下一次计算未收敛时（或反之），将安全系数增量减少一半后重新计算，为了将安全系数精确到 0.01 的有效系数，反复降低安全系数增量后重新计算，分析后在工作目录树里查看安全系数（Safety Factor）。

（5）通过最大剪切应变（Maxium Shear Strain）等值线查看破坏模式。

9.4　预应力加固边坡

MIDAS 操作方法如下。

9.4.1　启动 GTS/打开文件

启动 GTS/打开文件如图 9-65 和图 9-66 所示。

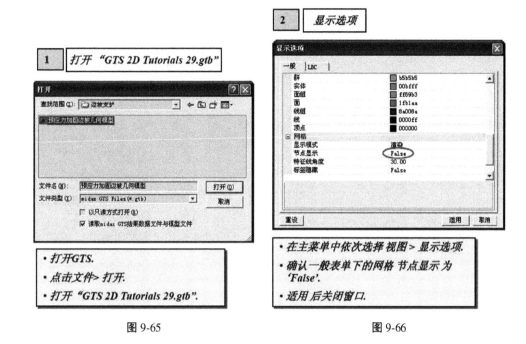

图 9-65   图 9-66

9.4.2   输入特性

输入特性如图 9-67 和图 9-68 所示。

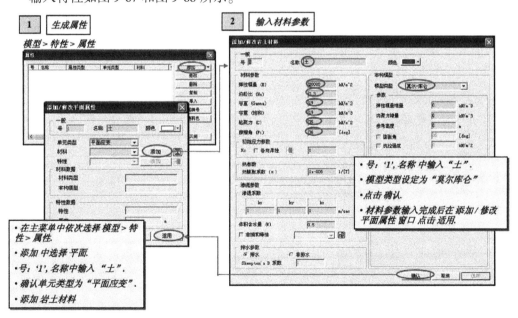

图 9-67

3　定义植入式桁架属性及特性

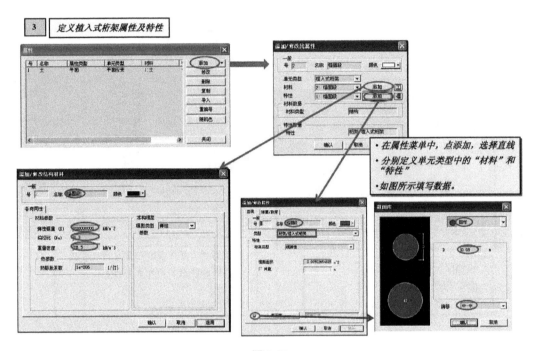

- 在属性菜单中，点添加，选择直线
- 分别定义单元类型中的"材料"和"特性"
- 如图所示填写数据。

图 9-68

9.4.3　网格尺寸控制

网格尺寸控制如图 9-69 和图 9-70 所示。

1　对几何线进行播种

网格> 网格尺寸控制> 线...

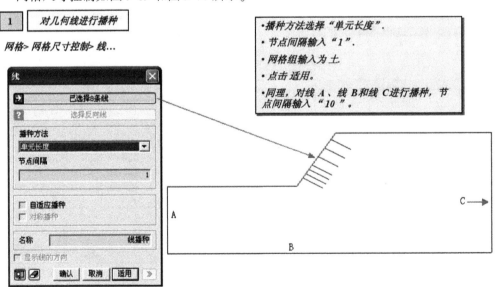

- 播种方法选择"单元长度"。
- 节点间隔输入"1"。
- 网格组输入为土
- 点击 适用。
- 同理，对线 A、线 B 和线 C 进行播种，节点间隔输入"10"。

图 9-69

2 | 对几何线进行播种

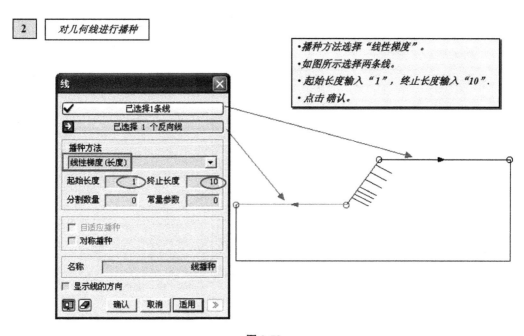

图 9-70

9.4.4 划分网格

划分网格如图 9-71～图 9-73 所示。

1 | 划分土体网格

网格> 自动划分网格> 平面...

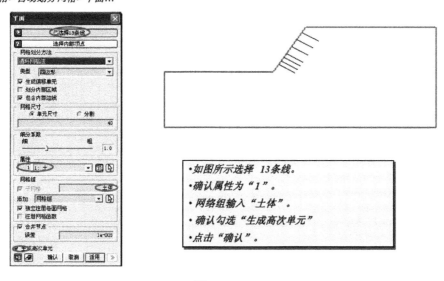

图 9-71

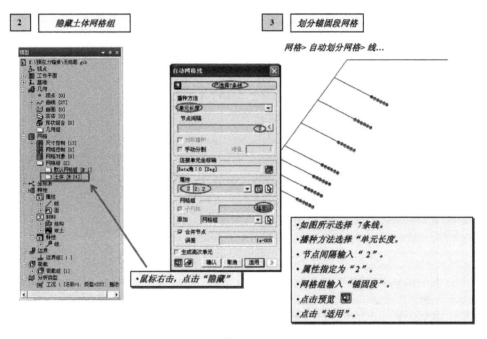

图 9-72

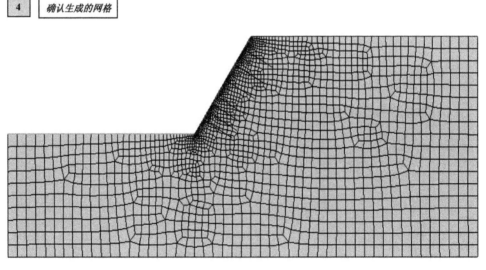

图 9-73

9.4.5 施加边界条件

施加边界条件如图 9-74 所示。

模型 > 边界 > 支撑...

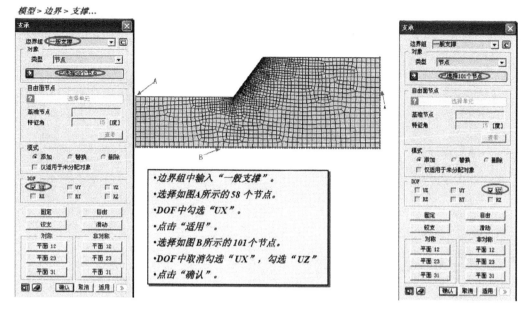

图 9-74

9.4.6 施加荷载

施加荷载如图 9-75~图 9-77 所示。

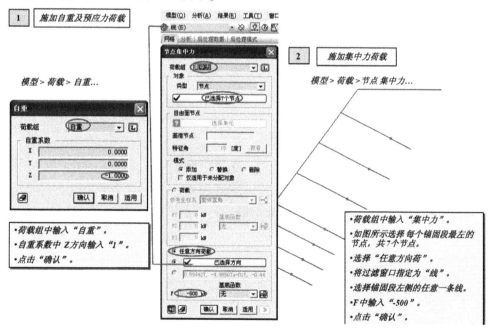

图 9-75

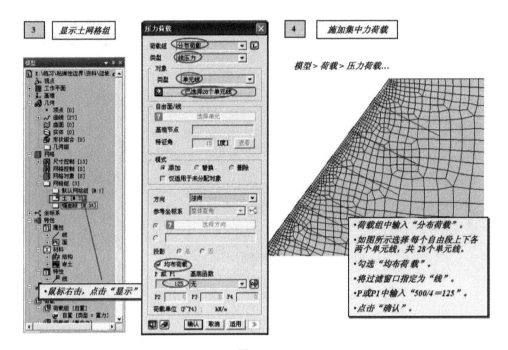

图 9-76

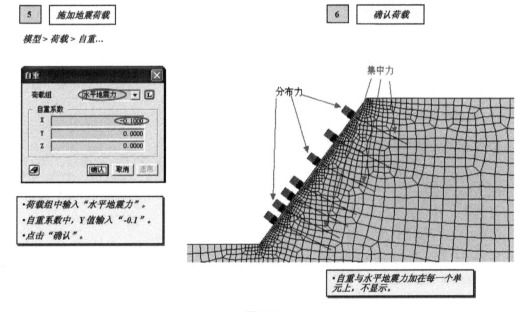

图 9-77

9.4.7　分析工况

分析工况生成如图 9-78 所示。

分析 > 分析工况...

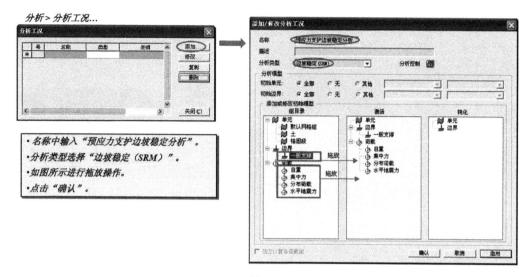

· 名称中输入"预应力支护边坡稳定分析"。
· 分析类型选择"边坡稳定（SRM）"。
· 如图所示进行拖放操作。
· 点击"确认"。

图 9-78

9.4.8　分析工况

分析工况如图 9-79 所示。

分析 > 分析...

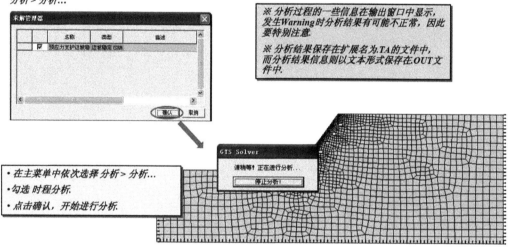

※ 分析过程的一些信息在输出窗口中显示，
发生Warning时分析结果有可能不正常，因此
要特别注意。

※ 分析结果保存在扩展名为.TA的文件中，
而分析结果信息则以文本形式保存在OUT文
件中。

· 在主菜单中依次选择 分析 > 分析...
· 勾选 时程分析.
· 点击确认，开始进行分析.

图 9-79

9.4.9　提取结果

提取结果如图 9-80 所示。

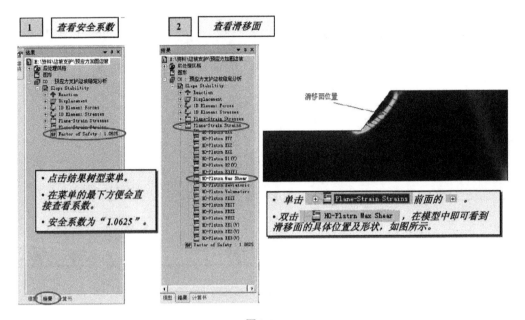

图 9-80